Schriftenreihe des Vereins für
Wasser-, Boden- und Lufthygiene

60

Herausgegeben von **R. Leschber** und **G. von Nieding**

Der 1902 gegründete gemeinnützige Verein für Wasser-, Boden- und Lufthygiene E.V. fördert das gleichnamige Institut des Bundesgesundheitsamtes.

Außerdem tritt er über das Institut mit wissenschaftlichen Veranstaltungen auf den einschlägigen Gebieten der Umwelthygiene und der Gesundheitstechnik an die Öffentlichkeit.

Er gibt für seine Mitglieder die Schriftenreihe und die Literaturberichte für Wasser, Abwasser, Luft und feste Abfallstoffe (Gustav Fischer Verlag, Stuttgart/New York) heraus.

Geschäftsführender Vorstand:

    Oberstadtdirektor Hans-Diether Imhoff, Dortmund
    Direktor Dr.-Ing. Günther Annen, Essen
    Direktor Dr.-Ing. Heinz Tessendorf, Berlin

Geschäftsführung:

    Dipl.-Ing. Helmut Schönberg, Postfach, 1000 Berlin 33

Alle Rechte der Übersetzung vorbehalten
© Copyright 1985 by Verein für Wasser-, Boden- und Lufthygiene, Berlin-Dahlem
Printed in Germany
ISBN 3-437-30469-0

Herstellung: Westkreuz-Druckerei Berlin/Bonn, 1000 Berlin 49

Schriftenreihe des Vereins für
Wasser-, Boden- und Lufthygiene

60

Chlorierte Kohlenwasserstoffe in der Umwelt I

Trichlorethylen
Perchlorethylen
1,1-Dichlorethylen
1,2-Dichlorethylen

F. R. Atri

Gustav Fischer Verlag · Stuttgart/New York · 1985

Die Arbeit wurde im Auftrag des Umweltbundesamtes im Rahmen des Umweltforschungsplans des Bundesministers des Innern erstellt.

Vorwort

Chlorierte Kohlenwasserstoffe, besonders die in großen Mengen als Lösungs- und Reinigungsmittel eingesetzten niedrigen Homologen der aliphatischen Reihe sind wegen des in der Vergangenheit aber auch noch z.T. heute geübten sorglosen Umgangs mit diesen Stoffen für viele Beeinträchtigungen und Schädigungen der Umwelt verantwortlich. Bei Bodenverunreinigungen ist wegen der schlechten Abbaubarkeit dieser Stoffe vielfach eine Grundwasserkontamination die unausbleibliche Folge, die bei der Nutzung des Grundwassers zur Trinkwasserversorgung umfangreiche Abwehrmaßnahmen und kostspielige Aufbereitungsverfahren nach sich zieht, wenn sie nicht sogar eine solche Grundwassernutzung unmöglich macht.

Bei den dafür zum Schutz und zur Sanierung der Umwelt notwendigen Maßnahmen kann die von F.R. Atri vorgelegte Datensammlung über die Eigenschaften und über das bisher in der Fachliteratur berichtete Vorkommen der wichtigsten Stoffe dieser Gruppe eine nützliche, wenn nicht sogar unentbehrliche Arbeitshilfe sein. Die Sammlung berücksichtigt Publikationen in internationalen Periodika sowie US-amerikanische, EG- und deutsche Forschungsberichte und ist nahezu erschöpfend. Als Vorzug für den regelmäßigen Benutzer ist der für Ergänzungen vorgesehene Raum anzusehen. Der Band kann damit als eine neue wichtige Arbeitshilfe für alle Betroffenen in Industrie und Verwaltung empfohlen werden.

R. Leschber

Danksagung

Für die Unterstützung dieser Arbeit möchte ich den Herren Dr. D. Fuchs, Dr. B. Bayer und U.-J. Lucks vom Umweltbundesamt herzlich danken.

Allen Einrichtungen, wissenschaftlichen Institutionen und Universitäten in der Bundesrepublik Deutschland und in Berlin (West), die in irgendeiner Weise bei der Datensammlung behilflich waren, bin ich zu Dank verpflichtet.

Für ihre Hilfestellungen möchte ich mich bei Herrn Prof. Dr. R. Bornkamm, Fachgebietsleiter des Instituts für Ökologie der Technischen Universität Berlin, sowie Herrn Dr. D. Jung und Herrn Dr. H.-M. Borchert vom Institut für Allgemeine Zoologie der Freien Universität Berlin bedanken.

Herrn Dr. H.-D. Schenke vom Umweltbundesamt schulde ich viel für seine stete Hilfsbereitschaft und seine wertvollen Ratschläge.

Nicht zuletzt möchte ich mich bei meinen Mitarbeitern, insbesondere Frau M. Kurth und Frau B. Zwikirsch, für ständige und verantwortungsbewußte Arbeit bedanken.

Inhaltsverzeichnis

I. Einleitung 1-2

II. Allgemeiner Teil und Aufbau 2

    Ziel der Studie 2
    Darstellung der Ergebnisse 2
    Datenerfassung 3-5
        Identifizierung 3
        Physikalisch-chemische Eigenschaften 3
        Angaben zur Verwendung 4
        Herstellung, Import, Export 4
        Toxikologie 4
        Ökotoxikologie 4
        Elimination - Abbau - Persistenz 5
        Akkumulation 5
        Konzentration im Wasser 5
        Abfall 5
        Literatur 5
    Informationen und Quellen 5
    Bonität der Daten 6
    Parameter der Datenliste 6-7
    Statement 7
    Abkürzungen und Einheiten 8
    Toxikologische Begriffe 9-10
    Liste der Organismen 10-15

T R I C H L O R E T H Y L E N

Statement

1. Bezeichnungen, Handelstrivialbezeichnungen ...   17

2. Physikalisch-chemische Eigenschaften   18

3. Anwendungsbereiche und Verbrauchsspektren   18

4. Herstellung 19-22
   Produktion, Import, Export, Verbrauch
   4.1 Bundesrepublik Deutschland   19
   4.2 Europäische Gemeinschaft (EG)   20
   4.3 Westeuropa   21
   4.4 USA   21
   4.5 Japan   21
   4.6 Welt   22

5. Toxikologie   22
   Maximale Arbeitsplatzkonzentrationen

6. Ökotoxikologie 23-24
   Hydrosphäre
   6.1 Fisch-Toxizität   23
   6.2 Daphnien-Toxizität   24
   6.3 Algen-Toxizität   24
   6.4 Mikroorganismen-Toxizität   24

7. Elimination - Abbau - Persistenz   25
   7.1 Biotischer Abbau   25
   7.2 Abiotischer Abbau   25

8. Akkumulation   26
   8.1 Bioakkumulation   26
   8.2 Sonstiges Vorkommen   26

9. Konzentration im Wasser 26-33
   9.1 Oberflächenwasser - Bundesrep. Deutschland   26
   9.2 Oberflächenwasser - Europäische Länder .   30
   9.3 Oberflächenwasser - Atlantik   31
   9.4 Sonstige Wässer   31

10. Abfall   33

Datenliste

1. Identifizierung 35-38
2. Physikalisch-chemische Eigenschaften 39-46
3. Angaben zur Verwendung 47-49
4. Herstellung, Import, Export 50-62
5. Toxikologie (MAK-Wert)   63
6. Ökotoxikologie 64-72
7. Elimination - Abbau - Persistenz 73-78
8. Akkumulation 79-97
9. Konzentration im Wasser 98-135
10. Abfall 136
11. Literatur 149-164
    Karten und Abbildungen 137-147

PERCHLORETHYLEN

Statement

1. Bezeichnungen, Handelstrivialbezeichnungen .   167

2. Physikalisch-chemische Eigenschaften   168

3. Anwendungsbereiche und Verbrauchsspektren ..   168

4. Herstellung 169-172
   Produktion, Import, Export, Verbrauch
   - 4.1 Bundesrepublik Deutschland 169-170
   - 4.2 Europäische Gemeinschaft   170
   - 4.3 Westeuropa   170
   - 4.4 USA 170-171
   - 4.5 Japan   171
   - 4.6 Welt   171
   - 4.7 Zusammenfassung   172

5. Toxikologie   172
   Maximale Arbeitsplatzkonzentrationen

6. Ökotoxikologie   173
   Hydrosphäre
   - 6.1 Fisch-Toxizität   173
   - 6.2 Daphnien-Toxizität   173
   - 6.3 Algen-Toxizität   173

7. Elimination - Abbau - Persistenz 173-174
   - 7.1 Biotischer Abbau 173-174
   - 7.2 Abiotischer Abbau   174

8. Akkumulation 174-175
   - 8.1 Bioakkumulation   174
   - 8.2 Sonstiges Vorkommen   175

9. Konzentration im Wasser 175-176
   9.1 Oberflächenwasser - Bundesrep. Deutschland   175
   9.2 Oberflächenwasser - Andere Länder   175
   9.3 Sonstige Wässer 175-176

10. Abfall   176

Datenliste

1. Identifizierung 177-179
2. Physikalisch-chemische Eigenschaften 180-188
3. Angaben zur Verwendung 189-192
4. Herstellung, Import, Export 193-209
5. Toxikologie (MAK-Wert)   210
6. Ökotoxikologie 211-214
7. Elimination - Abbau - Persistenz 215-221
8. Akkumulation 222-242
9. Konzentration im Wasser 243-280
10. Abfall   281
11. Literatur 293-307
   Karten und Abbildungen 282-291

1,1 - DICHLORETHYLEN

Statement

1. Bezeichnungen, Handelstrivialbezeichnungen . 309

2. Physikalisch-chemische Eigenschaften 310

3. Anwendungsbereiche und Verbrauchsspektren .. 310

4. Herstellung 311-313
   Produktion, Import, Export, Verbrauch
   4.1 Bundesrepublik Deutschland 311
   4.2 Europäische Gemeinschaft 311
   4.3 Westeuropa 312
   4.4 USA 312
   4.5 Andere Länder 312
   4.6 Welt 312-313

5. Toxikologie 313
   Maximale Arbeitsplatzkonzentrationen

6. Ökotoxikologie 314-315
   Hydrosphäre
   6.1 Fisch-Toxizität 314
   6.2 Daphnien-Toxizität 314
   6.3 Algen-Toxizität 315

7. Elimination - Abbau - Persistenz 315-316
   7.1 Elimination 315
   7.2 Biotischer Abbau 315
   7.3 Abiotischer Abbau 315-316

8. Akkumulation 316
   8.1 Bioakkumulation 316
   8.2 Sonstiges Vorkommen 316

9. Konzentration im Wasser 316-317
   9.1 Oberflächenwasser - Bundesrep. Deutschland   316
   9.2 Sonstige Wässer   317

10. Abfall   317

Datenliste

1. Identifizierung 319-320
2. Physikalisch-chemische Eigenschaften 321-329
3. Angaben zur Verwendung 330-331
4. Herstellung, Import, Export 332-349
5. Toxikologie (MAK-Wert)   350
6. Ökotoxikologie 351-355
7. Elimination - Abbau - Persistenz 356-358
8. Akkumulation   359
9. Konzentration im Wasser 360-362
10. Abfall   363
11. Literatur 365-369

1,2 - DICHLORETHYLEN

Statement

1. Bezeichnungen, Handelstrivialbezeichnungen . 371

2. Physikalisch-chemische Eigenschaften 372-373

3. Anwendungsbereiche und Verbrauchsspektren .. 373

4. Herstellung 373-374
   Produktion, Import, Export, Verbrauch
   4.1 Bundesrepublik Deutschland 373
   4.2 Europäische Gemeinschaft (EG) 374
   4.3 Andere Länder 374

5. Toxikologie 374
   Maximale Arbeitsplatzkonzentrationen

6. Ökotoxikologie 375
   Hydrosphäre
   6.1 Fisch-Toxizität 375
   6.2 Daphnien-Toxizität 375
   6.3 Algen-Toxizität 375

7. Elimination - Abbau - Persistenz 375-376
   7.1 Elimination 375
   7.2 Biotischer Abbau 376
   7.3 Abiotischer Abbau 376

8. Akkumulation 377
   8.1 Bioakkumulation 377
   8.2 Sonstiges Vorkommen 377

9. Konzentration im Wasser 377-378
   9.1 Oberflächenwasser - Bundesrep. Deutschland 377
   9.2 Sonstige Wässer 377-378

10. Abfall 378

Datenliste

1. Identifizierung 379-381
2. Physikalisch-chemische Eigenschaften 382-391
3. Angaben zur Verwendung 392-393
4. Herstellung, Import, Export 394-395
5. Toxikologie (MAK-Wert) 396
6. Ökotoxikologie 397-399
7. Elimination - Abbau - Persistenz 400-403
8. Akkumulation 404
9. Konzentration im Wasser 405-407
10. Abfall 408
11. Literatur 409-411

I. Einleitung

Chlorierte Kohlenwasserstoffe gewinnen durch ihren hohen Verbrauch, steigende Weltproduktion und breitgestreute Anwendungsbereiche in zahlreichen Produktionsstätten von Industrie bis Kleingewerbe, sowie im medizinischen und hygienischen Bereich immer mehr an Bedeutung für unsere ökologischen Lebensräume. In der Umwelt, insbesondere im Gewässerbereich, können chlorierte Kohlenwasserstoffe und Pflanzenschutzmittel eine rasche Verteilung erfahren, wodurch sich vor allem ökotoxikologische Fragen und Probleme ergeben, die je nach Form und Konzentrationslevel der vorkommenden Stoffe differenziert behandelt und ausgewertet werden müssen.

Als besonders wichtige Faktoren in Hinsicht auf die Wirkung der Stoffe auf Organismen und biologisches Material sind dabei u.a. die physikalisch-chemischen Eigenschaften zu berücksichtigen. Neben der Kenntnis von Stoff- und Organismeneigenschaften sind Informationen über weitere Parameter wie Elimination, Persistenz, Abbau, Akkumulation in einem bestimmten Lebensraum für die ökotoxikologische und umwelthygienische Beurteilung unentbehrlich. Vor allem jedoch sind es Angaben über die Höhe der Konzentrationslevel einer Verbindung in einem Medium oder Organismus, die weitere Diskussionen über Stoffwirkungen in einem Ökosystem erst ermöglichen. Nicht zuletzt wären auch Informationen über Abfallmengen und -Form der behandelten Stoffe von Interesse.

Für den vorliegenden Bericht wurden umfangreiche Literatur-Quellen und Mitteilungen herangezogen, darunter auch Material, welches nur unter großen Schwierigkeiten zu beschaffen war. Trotzdem können noch unberücksichtigte Ergebnisse vorliegen, die ergänzt werden müssen. Der Überlegung, daß eine Einfügung weiterer und neuerer Daten möglich sein sollte, wurde durch stellenweise Freilassungen Rechnung getragen. In diesem Sinne dient der Band also gleichzeitig auch als Arbeitsheft, das dem Benutzer letztenendes eine möglichst vollständige Datenübersicht über den behandelten Themenbereich ermöglichen soll. Deshalb wurden in jeder Hinsicht, besonders aber bei den Literaturangaben und dem Gesamtaufbau der Arbeit, große Anstrengungen unternommen, um dem Leser viele Möglichkeiten der Auswertung bieten zu können.

Im vorliegenden Band wird über 4 von insgesamt 25 bearbeiteten Verbindungen berichtet, die aus den in der Richtlinie des Rates 76/464/EWG mit höchster Priorität belegten Stoffen ausgewählt wurden.

II. Allgemeiner Teil und Aufbau

Ziel der Studie

In diesem Band sollen für 4 organische Verbindungen Daten und Berichte über Produktion, Anwendungsbereiche, Emission (Gewässer), Abfall, sowie Angaben zu den Stoffeigenschaften wiedergegeben werden. Die erhobenen Daten sollen Grundlage für eine Bewertung sein.

Darstellung der Ergebnisse

Für jeden der 4 Stoffe werden die Ergebnisse in Form eines Statements wiedergegeben und in Form von reinen Datenblättern.

Die Datenlisten wurden teilweise nach Abfassung der Statements erweitert.

Datenerfassung

Der Datenerfassung liegen Vorgaben des Umweltbundesamtes zugrunde, die eine spätere Übertragung in ein EDV-gerechtes System erleichtern sollen. Schwierigkeiten bei der Zuordnung sowie Überschneidungen von Kriterien sind dabei nicht auszuschließen, insbesondere angesichts der Problematik bisher nicht einheitlicher Definitionen z.B. von Untersuchungsparametern.

Die entworfenen Datenlisten sind folgendermaßen gegliedert:

1. Identifizierung

   1.1   Chemische Bezeichnung
   1.1.1 Weitere Bezeichnungen, einschl. Handelstrivialbezeichnungen
   1.1.2 CAS-Nummer
   1.2   Struktur
   1.2.1 Strukturformel und Summenformel
   1.2.2 Molekulargewicht
   1.2.3 Absorptionsspektra

2. Phys.-chem. Eigenschaften

   2.1   Schmelzpunkt
   2.2   Siedepunkt
   2.3   Dichte
   2.4   Dampfdruck
   2.5   Oberflächenspannung einer wässerigen Lösung
   2.6   Wasserlöslichkeit
   2.7   Fettlöslichkeit
   2.8   Verteilungskoeffizient
   2.9   Zusätzliche Angaben
   2.9.1 Flammpunkt
   2.9.2 Explosionsgrenzen in Luft
   2.9.3 Zündtemperatur
   2.9.4 Zündgruppe (VDE)
   2.9.5 Komplexbildungsfähigkeit

2.9.6   Dissoziationskonstante (pKa-Wert)
2.9.7   Stabilität
2.9.8   Hydrolyse
2.9.9   Korrosivität (Redox-Potential)
2.9.10 Adsorption/Desorption
2.9.11 Teilchengröße und -form
2.9.12 Volatilität
2.9.13 Viskosität
2.9.14 Sättigungskonzentration
2.9.15 Aggregatzustand
2.9.16 Sonstige Angaben

3. Angaben zur Verwendung

   3.1   Bestimmungsgemäße Verwendungszwecke
   3.1.1 Verwendungsarten
   3.1.2 Anwendungsbereich mit ungefährer Aufgliederung

4. Herstellung, Import, Export

   4.1   Gesamtherstellung und/oder Einfuhr
   4.2   Hergestellte Menge in der EG (Gesamt)
   4.3   Hergestellte Menge in den einzelnen EG-Ländern
   4.4-... Herstellung etc. - andere Länder

5. Toxikologie

   5.1   Maximale Arbeitsplatzkonzentrationen

6. Ökotoxikologie

   6.1   Auswirkungen auf Organismen
   6.1.1 Fische
   6.1.2 Daphnien
   6.1.3 Algen
   6.1.4 Mikroorganismen
   6.1.5 Wasserpflanzen und sonstige Organismen

7. Elimination - Abbau - Persistenz
   7.1   Elimination
   7.2   Abbau - Persistenz
   7.2.1   Biotischer Abbau
   7.2.2   Abiotischer Abbau
   7.2.3   Abbauprodukte

8. Akkumulation
   8.1   Bioakkumulation/Vorkommen in Organismen
   8.2   Sonstiges Vorkommen

9. Konzentration im Wasser
   9.1   Oberflächenwasser
   9.2   Abwasser
   9.3   Regenwasser
   9.4   Grundwasser
   9.5   Trinkwasser

10. Abfall

11. Literatur

Abschließend sei bemerkt, daß die Abstände zwischen den einzelnen Gliederungspunkten in der Datenliste im allgemeinen so bemessen sind, daß eine Ergänzung der Daten erfolgen kann.

Informationen und Quellen

Zur Beschaffung der vorhandenen Daten wurde auf folgende Quellen zurückgegriffen: Dokumentationsstellen, Forschungsberichte und sonstige Veröffentlichungen, Anfragen an wissenschaftliche Einrichtungen, Universitäten, Behörden, Informationen des Umweltbundesamtes, Literaturrecherchen, Mikrofilme, private Mitteilungen.

Bonität der Daten

Die Daten und Angaben entstammen Quellen unterschiedlicher Qualität. Informationen, die nicht anhand der Originalveröffentlichungen nachgeprüft werden konnten, wurden mit zwei Literaturangaben versehen; die erste gibt die Quelle (Sekundärliteratur) an, aus der die Angaben entnommen wurden, die zweite weist auf die Originalarbeit (Primärliteratur) hin. Zum Teil sind die Literaturangaben gleichrangig (z.B. bei Synonymen). In der Datenliste sind einige Texte direkt übernommen worden. Teilweise auftretende widersprüchliche Angaben werden bewußt wiedergegeben, damit sie bei der Auswertung berücksichtigt werden können.

Parameter der Datenliste

Identifizierung: Es wird besonderer Wert auf eine umfassende Zusammenstellung der national und international üblichen Handels- und Trivialnamen gelegt.

Bei den phys.-chem. Eigenschaften werden für die Punkte 2.9.1 bis 2.9.4 die Angaben von NABERT & SCHÖN ("Sicherheitstechnische Kennzahlen brennbarer Gase und Dämpfe") wiedergegeben.

Die Beschaffung von Informationen über Produktion, Import, Export, Verbrauch erwies sich als schwierig. Deshalb können nur zum Teil ausreichende Angaben gemacht werden, für einige Stoffe liegen keine Werte vor.

Im toxikologischen Teil werden die MAK-Werte wiedergegeben.

Informationen zur Ökotoxikologie sind teilweise gering. Viele Informationen beziehen sich auf Biotests. Soweit wie möglich werden hier außer aquatischen Systemen auch andere Bereiche berücksichtigt.

Die einzelnen Abschnitte des Teils Elimination - Abbau - Persistenz sind recht unterschiedlich mit Informationen versehen. Auffällig sind die spärlichen Angaben zum Abbau in natürlichen Gewässersystemen.

Soweit vorhanden, werden Daten über die Akkumulation wiedergegeben. Die meisten Angaben sind unter "Vorkommen in Organismen" oder "Sonstiges Vorkommen" eingeordnet.

Der Teil Konzentration im Wasser umfaßt Oberflächenwasser, Grundwasser, Trinkwasser und Abwasser.

Zur Abfallmenge konnten auch mit den größten Bemühungen keine Daten oder anderen Hinweise beschafft werden. Die aus diesem Grund leere Seite ist für Nachträge gedacht.

Statement

Um einen schnellen Überblick zu schaffen, wurden kurze Informationen aus der Datenliste in Form von Statements wiedergegeben und auf die sonst übliche Form der Datenwiederholung verzichtet. Der Aufbau der Statements wurde möglichst an den der Datenliste angepaßt. Für die Auswahl der referierten Angaben wurden unterschiedliche Kriterien berücksichtigt. Um die häufige Wiederholung von Literaturangaben zu vermeiden, erfolgen die Hinweise auf die Quellen als Fußnoten (Datenliste Seite ...).

Abkürzungen und Einheiten

Einige häufig wiederkehrende Abkürzungen sind nachstehend genannt.

AAS	Atomabsorptionsspektroskopie
BOD	Biologischer Sauerstoffbedarf (BSB) (Biological Oxygen Demand)
ECD	Elektronen-Einfangdetektor (Electron Capture Detector)
FG	Frischgewicht
FID	Flammenionisationsdetektor
GC	Gaschromatographie
MS	Massenspektroskopie
S	Standardabweichung
$t_{1/2}$	Halbwertszeit
TG	Trockengewicht
w/w	Gewicht der zu testenden Substanz/ Gewicht des Testobjekts
$\overline{X}$	Mittelwert

Die in der Originalliteratur genannten Einheiten ppm, ppb und ppt wurden hier nicht verwendet, sondern stattdessen in SI-Einheiten für die Massenanteile mg/kg, µg/kg, ng/kg bzw. für die Massenkonzentrationen mg/l, µg/l, ng/l ausgedrückt. In der Originalliteratur genannte Volumenanteile werden hier als Massenkonzentrationen wiedergegeben.

Toxikologische Begriffe

LC_0 Letale Konzentration, die innerhalb eines gegebenen Zeitraums keinen der den Testbedingungen ausgesetzten Organismen tötet.

LC_{10} Letale Konzentration, die innerhalb eines gegebenen Zeitraums 10 % der den Testbedingungen ausgesetzten Organismen tötet.

LC_{50} Letale Konzentration, die innerhalb eines gegebenen Zeitraums 50 % der den Testbedingungen ausgesetzten Organismen tötet.

LC_{90} Letale Konzentration, die innerhalb eines gegebenen Zeitraums 90 % der den Testbedingungen ausgesetzten Organismen tötet.

LC_{100} Letale Konzentration, die innerhalb eines gegebenen Zeitraums 100 % der den Testbedingungen ausgesetzten Organismen tötet.

TLm Median Tolerance Limit. Die Konzentration eines toxischen Stoffes im Wasser unter gegebenen Testbedingungen, bei der 50 % der Versuchsorganismen überleben.

LD_0 Letale Dosis, die keinen der den Testbedingungen ausgesetzten Organismen innerhalb eines gegebenen Zeitraums tötet.

LD_{10} Letale Dosis, die 10 % der den Testbedingungen ausgesetzten Organismen innerhalb eines gegebenen Zeitraums tötet.

LD_{50} Letale Dosis, die 50 % der den Testbedingungen ausgesetzten Organismen innerhalb eines gegebenen Zeitraums tötet, auch mittlere letale Dosis genannt.

LD_{90} Letale Dosis, die 90 % der den Testbedingungen ausgesetzten Organismen innerhalb eines gegebenen Zeitraums tötet.

LD_{100} Letale Dosis, die 100 % der den Testbedingungen ausgesetzten Organismen innerhalb eines gegebenen Zeitraums tötet.

EC_0 Effektive Konzentration, bei der keiner der den Testbedingungen ausgesetzten Organismen den geprüften Effekt zeigt.

EC_{50} Effektive Konzentration, bei der 50 % der den Testbedingungen ausgesetzten Organismen den geprüften Effekt zeigen.

EC_{100} Effektive Konzentration, bei der 100 % der den Testbedingungen ausgesetzten Organismen den geprüften Effekt zeigen.

Liste der Organismen

Die wissenschaftlichen Namen der vorkommenden Organismen wurden alphabetisch geordnet und in der nachfolgenden Liste zusammengestellt.

In den OECD-Richtlinien angegebene Testspezies sind mit * markiert. Die in Klammern gesetzten Zahlen weisen auf den Testzweck hin: (1) Toxizität, (2) Bioakkumulation.

Namensliste der Organismen

wiss. Name	deutsche Namen oder Gruppenzugehörigkeit
Acroneuria pacifica	Steinfliegen-Art
Aedes aegypti	Gelbfiebermücke
Aeromonas hydrophila	Bakterium
Alca torda	Tordalk
Anas platyrhynchos	Stockente
Anguilla rostrata	Am. Flußaal
Anopheles quadrimaculatus	Fiebermücke
Ankistrodesmus falcatus	marine Grünalgen-Art
Arctopsyche grandis	Köcherfliegen-Art
Artemia salina	Salinenkrebs
Aspitrigla cuculus	Seekuckuck (Knurrhahn-Art)
Asellus aquaticus	Wasserassel
Asellus brevicaudus	Süßwasserassel-Art
Asterias rubens	Gemeiner Seestern
Bacillus subtilis	Bodenbakterium
Balanus balanoides	Gemeine Seepocke
Balanus spec.	Seepocken-Gattung
Blattella spec.	Schaben-Gattung
*Brachydanio rerio (1) (2)	Zebrabärbling
Branchiura sowerbyi	Schlammröhrenwurm-Art
Buccinum undatum	europ. Wellhornschnecke
Bufo woodhousii fowleri	nordam. Krötenart
Cancer pagurus	Taschenkrebs
Carassius auratus	Goldfisch
Carcinus maenas	Strandkrabbe
Cardium edule	europ. Herzmuschel
Carcinogammarus spec.	Flohkrebs-Gattung
Cerastoderma edule	(siehe Cardium edule)
Chaetogammarus marinus	Flohkrebs-Art
Chilomonas paramecium	Bogenröhrenflagellaten-Art
Chlamydomonas spec.	Grünalgen-Gattung
Chlorella ovalis	Grünalgen-Art
Chlorella pyrenoidosa	Grünalgen-Art

wiss. Name	deutsche Namen oder Gruppenzugehörigkeit
Chrysomya spec.	tropische Schmeißfliegen-Gattung
Claassenia sabulosa	Steinfliegen-Art
Clupea sprattus	Sprotte
Colpoda spec.	Wimpertierchen-Gattung
Conger conger	Meeraal
Crangon crangon	Nordseegarnele
Crassostrea virginica	Am. Auster
Crepidula fornicata	Pantoffelschnecke
Culex pipiens quinquefasciatus	Stechmücke
Cyclops spec.	Ruderfußkrebs-Gattung
Cygnus olor	Schwan
Cypridopsis vidua	Muschelkrebs-Art
*Cyprinodon variegatus (2)	Edelsteinkärpfling
Cyprinus auratus	Karpfen-Art
*Cyprinus carpio (1) (2)	Karpfen
Daphnia carinata	Wasserfloh-Art
Daphnia cucullata	Wasserfloh-Art
*Daphnia magna (1)	Wasserfloh-Art
Daphnia pulex	Wasserfloh-Art
Dreissena polymorpha	Dreikantmuschel
Dunaliella spec.	Grünalgen-Gattung
Echinus esculentus	Eßbarer Seeigel
Escherichia coli	Bakterium
Elminius modestus	Seepocken-Art
Enteromorpha compressa	marine Grünalgen-Art
Entosiphon sulcatum	Röhrenflagellaten-Art
Euglena spec.	Augenflagellaten-Gattung
Eupagurus bernhardus	Einsiedlerkrebs
Fucus serratus	Sägetang
Fucus spiralis	Braunalgen-Art
Fucus vesiculosus	Blasentang
Fundulus similis	Zahnkärpfling-Art

wiss. Name	deutsche Namen oder Gruppenzugehörigkeit
Gadus morrhua	Kabeljau
Gallinula chloropus	Teichhuhn
Gambusia affinis	Koboldkärpfling
Gammarus fasciatus	Flohkrebs-Art
Gammarus lacustris	Flohkrebs-Art
Gobius minutus	Sandküling (eine Grundel)
Haemophilus influenza	Bakterium
Halichoerus grypus	Kegelrobbe
Hippoglossus hippoglossus	Heilbutt
Hirudo japonica	Japan. Blutegel
*Ictalurus melas (2)	am. Wels-Art
Ictalurus punctatus	Getüpfelter Gabelwels
Lagodon rhomboides	Meerbrassen-Art
Lebistes reticulatus	Guppy
*Leiostomus xanthurus (2)	Umberfisch
Lepas spec.	Entenmuschel-Gattung
Lepomis cyanellus	Grüner Sonnenbarsch
Lepomis gibbosus	Gemeiner Sonnenbarsch
*Lepomis macrochirus (1)(2)	Blauer Sonnenbarsch
Leuciscus idus	Goldorfe
Limanda limanda	Kliesche
Lymnaea stagnalis	Schlammschnecke
Menidia beryllina	Gezeitenährenfisch
Microcystis aeruginosa	Blaualgen-Art
Micropterus salmoides	Forellenbarsch
Modiolus modiolus	Bartmuschel
Moina macrocopa	Blattfußkrebs-Art
Morone saxatilis	Wolfsbarsch-Art
Mugil cephalus	Gestreifte Meeräsche
Mus musculus	Hausmaus
Musca spec.	Gattung der Echten Fliegen
Mysidopsis bahia	Krebsart
Mytilus edulis	Miesmuschel

wiss. Name	deutsche Namen oder Gruppenzugehörigkeit
Nereis diversicolor	mariner Polychaet
Oedogonium cardiacum	Grünalgen-Art
Oncorhynchus kisutch	Kisutch-Lachs
Oncorhynchus tshawytscha	Quinnat
Orconectes nais	Flußkrebs-Art
Ophryotrocha diadema	Borstenwurm-Art
Ophryotrocha labronica	Borstenwurm-Art des Mittelmeeres
Ostracoda	Muschelkrebse (Ordnung)
Ostrea edulis	europ. Auster
Palaemonetes macrodactylis	Garnelen-Art
Palaemonetes varians	Brackwassergarnele
Pecten maximus	Kammuschel-Art
Penaeus duorarum	Geißelgarnelen-Art
Perca flavescens	Gelber Barsch
Perca fluviatilis	Flußbarsch
Perla californica	Steinfliegen-Art
Petromyzon marinus	Meerneunauge
Phaedactylum tricornutum	Algen-Art
Phalacrocorax aristotelis	Krähenscharbe
Physa spec.	Blasenschnecken (Gattung)
*Pimephales promelas (1) (2)	am. Elritze
Platichthys flesus	Flunder
Plecopteren (Familie)	Steinfliegen
Pleuronectus platessa	Scholle
*Poecilia reticulata (1) (2)	Guppy
Pollachius virens	Köhler
Pseudacris triseriata	Chorfrosch-Art
Pseudomonas cepacia	Bodenbakterium
Pseudomonas putida	Bodenbakterium
Pteronarcys californica	Steinfliegen-Art
Ptychocheilus oregonensis	Sakramentohecht
Puntius ticto	Zierbarbe
Raja clavata	Nagelrochen
Rasbora heteromorpha	Keilfleckbarbe

wiss. Name	deutsche Namen oder Gruppenzugehörigkeit
Rattus rattus	Hausratte
Rissa tridactyla	Dreizehenmöwe
Salmo clarki	Purpurforelle
*Salmo gairdneri (1) (2)	Regenbogenforelle
Salmo salar	atlantischer Lachs
Salmo trutta	Lachsforelle
Salmonella pneumonia	Bakterium
*Salvelinus fontinalis (2)	Bachsaibling
Scenedesmus quadricauda	(siehe Scenedesmus subspicatus)
Scenedesmus spec.	Grünalgen-Gattung
*Scenedesmus subspicatus (1)	Grünalgen-Art
Scyliorhinus canicula	Katzenhai
Scomber scombrus	Makrele
*Selenastrum capricornutum (1)	Grünalgen-Art
Simocephalus serrulatus	Wasserfloh-Art
Skeletonema costatum	marine Goldalge
Solaster spec.	Sonnensterne (Gattung)
Solea solea	Seezunge
Sorex araneus	Waldspitzmaus
Squalus acanthias	Dornhai
Staphylococcus aureus	Bakterium
Stizostedion vitreum vitreum	Am. Zander
Sula bassana	Baßtölpel
Trachurus trachurus	Stöcker
Trisopterus luscus	Franzosendorsch
Temora longicornis	Ruderfußkrebs-Art
Ulva lactuca	Meersalat
Umbra limi	Schlammelritze
Uria aalge	Trottellumme
Uronema parduczi	Wimpertierchen-Art
Wolffia papulifera	Wasserlinse

*In den OECD-Richtlinien angegebene Test-Organismen
Zahlen in Klammern weisen auf den Testzweck hin:
(1) Toxizität   (2) Bioakkumulation

Trichlorethylen

CAS-NUMMER 79-01-6

STRUKTUR- UND SUMMENFORMEL

C_2HCl_3

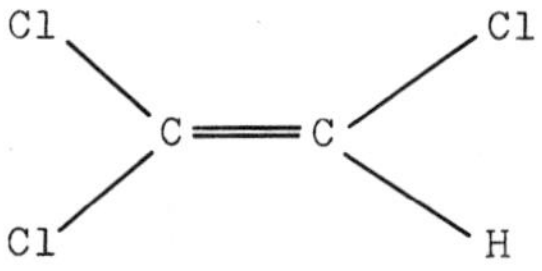

MOLEKULARGEWICHT 131,39 g/mol

1. BEZEICHNUNGEN, HANDELSTRIVIALBEZEICHNUNGEN[1]

Für Trichlorethylen wurden mehr als 90 verschiedene Bezeichnungen mitgeteilt.

Häufig verwendet wurden:

Ethylene Trichloride, Trichloroethene.

[1] Datenliste Seite 35-38

2. PHYSIKALISCH-CHEMISCHE EIGENSCHAFTEN[1]

Die zu den physikalisch-chemischen Eigenschaften mitgeteilten Angaben sind in der Datenliste zusammengestellt. Im folgenden werden einige häufig genannte Eigenschaften und Daten wiedergegeben.

DICHTE	1,4642 g/cm^3 bei 20 °C
DAMPFDRUCK	7 719,34 Pa bei 20 °C
WASSERLÖSLICHKEIT	1 100 mg/l bei 20 °C
OKTANOL/WASSER-VERTEILUNGSKOEFFIZIENT (P)	log P 2,29
Schmelzpunkt	-73 °C
Siedepunkt	87 °C bei 760 Torr ($\hat{=}$ 87 °C bei 101 324,72 Pa)

3. ANWENDUNGSBEREICHE UND VERBRAUCHSSPEKTREN[2]

Die Anwendungsbereiche von Trichlorethylen sind vielfältig. Ein großer Teil wird bei der Metallentfettung und Oberflächenreinigung benutzt; in der Farb-, Textil- und Lederindustrie wird es als Lösemittel verwendet. In der Landwirtschaft dient Trichlorethylen als Biozid, und auf dem Lebensmittelsektor wird es als Extraktionsmittel bei Kaffee und Ölfrüchten, Tabak, etc. gebraucht.

Die für die verschiedenen Verbrauchsarten mitgeteilten prozentualen Angaben variieren. Im folgenden werden die prozentualen Grenzbereiche der genannten Werte wiedergegeben:

---

[1] Datenliste Seite 39-46
[2] Datenliste Seite 47-49

Metallentfettung	65 - 80 %
Chemische Reinigung	2 - 20 %
Sonstige	10 - 15 %

Außerdem wird folgende ungefähre Aufgliederung nach Anwendungsbereichen genannt:

Industrie	70 %
Handwerk	20 %
Dienstleistungsgewerbe	10 %

Das für Westeuropa (1980) mitgeteilte Verbrauchsspektrum lautet wie folgt:

Metallentfettung	80 %
Chemische Reinigung	10 %
Sonstige	10 %

4. HERSTELLUNG[1]

Produktion, Import, Export, Verbrauch

4.1 Bundesrepublik Deutschland

Zu Produktion, Import, Export und Verbrauch von Trichlorethylen in der Bundesrepublik Deutschland werden recht unterschiedliche Angaben gemacht. Die beschaffbaren Werte wurden in der Datenliste zusammengestellt. Wegen der großen Unterschiede wird hier aber nicht auf alle vorhandenen Daten eingegangen. Die Werte bewegen sich etwa in den folgenden Bereichen:

---

[1] Datenliste Seite 50-62

Produktion	46 000 - 84 000 t/Jahr
Verbrauch	34 000 - 68 000 t/Jahr
Import	2 600 - 14 300 t/Jahr
Export	8 500 - 21 900 t/Jahr

Für das Jahr 1982 wurden in der Datenliste außerdem Mengenangaben zu Aus- und Einfuhr aus verschiedenen Ländern zusammengestellt.

Die folgende Tabelle gibt den Trichlorethylen-Verbrauch in der Metallentfettung für Bayern wieder:

Landkreis	Trichlorethylen-Verbrauch Metallentfettung (t/Jahr)
Oberbayern	2 928,5
Niederbayern	647,4
Oberpfalz	603,9
Oberfranken	656,0
Mittelfranken	1 972,0
Unterfranken	983,9
Schwaben	1 228,9

4.2 Europäische Gemeinschaft (EG)

Als Produktionsmenge für das Jahr 1978 werden 244 000 t angegeben.

Als Herstellerländer werden genannt:
Bundesrepublik Deutschland
England
Frankreich
Italien
Niederlande

4.3 Westeuropa

In der folgenden Tabelle wurden Angaben zur jährlichen Produktion sowie zum Export und Import von Trichlorethylen zusammengestellt:

Jahr	jährl. Produktion (t)	Import (t)	Export (t)
1977	-	15 000	25 000
1978	270 000	12 000	19 000
1979	240 000	20 000	16 000
1980	-	18 000	14 000

4.4 USA

Die Produktionsmengen ab 1960 werden in der Datenliste wiedergegeben.

Für die Jahre 1979 und 1980 werden folgende Angaben zur Trichlorethylen-Produktion gemacht:

1979   122 000 t

1980   79 000 t

4.5 Japan

Angaben über Produktion, Import, Export und Verbrauch von Trichlorethylen bis 1980 wurden in der Datenliste zusammengestellt.

Für die Jahre 1979 und 1980 werden folgende Angaben gemacht:

Jahr	Produktion (t)	Import (t)	Export (t)
1979	81 000	100	10 800
1980	82 000	-	12 800

4.6 Welt

Als Produktionsmenge für das Jahr 1975 werden 1 010 000 t angegeben.

5. TOXIKOLOGIE

Maximale Arbeitsplatzkonzentrationen

Bundesrepublik Deutschland 1983

MAK	
ml/m^3 (ppm)	mg/m^3
50	260

Verweis auf Abschn. III B, "Stoffe mit begründetem Verdacht auf krebserzeugendes Potential". DFG 1983, S. 53.

6. ÖKOTOXIKOLOGIE[1]

Hydrosphäre

6.1 Fisch-Toxizität

Untersuchungen mit verschiedenen Fischarten ergaben unterschiedliche Toxizitäts-Werte und -Schwellen. In der folgenden Tabelle werden einige LC-Werte wiedergegeben:

Fisch	LC_0 (mg/l)	LC_{50} (mg/l)	LC_{100} (mg/l)
Limanda limanda	-	16 (96 h)	-
Goldorfe	102	136	145
Goldorfe	102	203	248
*Brachydanio rerio	-	152	-
*Brachydanio rerio	-	120	-

Für *Pimephales promelas wurden LC- und EC-Werte ermittelt. Als bezeichneter Effekt für die EC-Werte wurde der Gleichgewichtsverlust zugrunde gelegt. Die Daten sind in der folgenden Tabelle zusammengestellt:

mg/l	24 h	48 h	72 h	96 h
LC_{10}	34,7	27,7	20,9	17,4
LC_{50}	52,7	53,3	39,0	40,7
LC_{90}	79,1	102,6	72,6	95,0
EC_{10}	15,2	16,9	15,5	13,7
EC_{50}	23,0	22,7	22,0	21,9
EC_{90}	36,2	30,6	31,8	34,9

---
[1] Datenliste Seite 64-72

* In den OECD-Richtlinien angegebener Test-Organismus

6.2 Daphnien-Toxizität

Zur Daphnien-Toxizität von Trichlorethylen liegen eine Reihe von Daten vor; als bezeichneter Effekt für die EC-Werte wurde die Schwimmfähigkeit zugrunde gelegt:

LC_{50}, 48 h,	*Daphnia magna	65	mg/l
LC_{50}, 48 h,	Daphnia pulex	45	mg/l
LC_{50}, 48 h,	Daphnia cucullata	57	mg/l
EC_0	*Daphnia magna	1 130	mg/l
EC_{50}	*Daphnia magna	1 313	mg/l
EC_{100}	*Daphnia magna	1 500	mg/l
EC_{50}, 24 h,	*Daphnia magna	17,6	mg/l
EC_{50}, 24 h,	*Daphnia magna	27	mg/l

6.3 Algen-Toxizität

Für einzellige Algen wird ein LC_{50}-Wert von 8 mg/l berichtet. Die toxische Grenzkonzentration für *Scenedesmus quadricauda liegt Berichten zufolge bei > 1 000 mg/l. Für Algen wird eine Wachstumshemmung bei 8 - 63 mg/l angegeben.

6.4 Mikroorganismen-Toxizität

In der Datenliste sind zahlreiche Daten zusammengestellt.

---

* In den OECD-Richtlinien angegebener Test-Organismus

7. ELIMINATION - ABBAU - PERSISTENZ[1]

7.1 Biotischer Abbau

Zum biotischen Abbau in aquatischen Systemen können aufgrund mangelnder Informationen keine genaueren Angaben gemacht werden.

7.2 Abiotischer Abbau

Photolyse

Zur Photolyse von Trichlorethylen im aquatischen Bereich liegen keine speziellen Angaben vor. Sonstige Angaben zur Photolyse sind in der Datenliste zusammengestellt.

Oxidation

Informationen über die Oxidation von Trichlorethylen in natürlichen Gewässern liegen nicht vor.

Verflüchtigung

Genaue Angaben über die Verflüchtigungsrate aus aquatischen Ökosystemen liegen nicht vor. Berichtet wird schließlich von einer Abnahme (82,9 %) von Trichlorethylen in einer 20 km-Fließstrecke.

---

[1] Datenliste Seite 73-78

8. AKKUMULATION[1]

8.1 Bioakkumulation

Für*Lepomis macrochirus wird ein Biokonzentrationsfaktor von 17, für Fische allgemein von 39 angegeben.

Angaben zum Vorkommen von Trichlorethylen in zahlreichen Organismen sind in der Datenliste zusammengestellt.

8.2 Sonstiges Vorkommen

Zahlreiche Daten über weitere Proben sind in der Datenliste wiedergegeben.

9. KONZENTRATION IM WASSER[2]

9.1 Oberflächenwasser - Bundesrepublik Deutschland

Es liegen zahlreiche Daten über Trichlorethylen in verschiedenen Oberflächengewässern vor.

Für den Rhein in Nordrhein-Westfalen und seine Nebenflüsse liegen die mitgeteilten Konzentrationen zwischen 0,3 und 10 µg/l bzw. 0,1 und 10 µg/l. Auf der Rheinstrecke zwischen Düsseldorf und Duisburg wurden Werte von 5,4 - 6,2 µg/l gemessen. Weiter wird für den Rhein bei Lobith (April - Dezember 1976) ein Mittelwert von 1,14 µg/l angegeben. Weitere Trichlorethylen-Konzentrationen im Rhein bei verschie-

---

[1] Datenliste Seite 79-95
[2] Datenliste Seite 98-135
* In den OECD-Richtlinien angegebener Test-Organismus

denen Strom-Kilometern sind in der folgenden Tabelle zusammengestellt worden:

Strom-km	ungefähre Lage	Konz. ($\mu g/l$)
680	vor dem Ruhrgebiet	~ 0,4
735	~ Düsseldorf	1,6
767	-	6,2
775	-	0,7

Für den Main bei Kostheim (Jan.-Dez. 1976) wird ein Mittelwert von 3,20 $\mu g/l$ mitgeteilt, für die Ruhr bei Duisburg (März - Dez. 1976) 0,45 $\mu g/l$.

Weitere in verschiedenen Oberflächengewässern 1976/77 ermittelte Konzentrationen (berichtet 1979) werden in der folgenden Tabelle wiedergegeben:

Gewässer	Standorte	Mittelwerte ($\mu g/l$) 1976	1977
Bodensee	Sipplingen	0,1	0,1
Rhein	Stein am Rhein	0,1	0,1
	Weil	4,5	2,3
	Karlsruhe	1,8	1,4
	Altrip	1,7	1,7
	Nierstein	2,1	1,5
	Mainz (l)	-	0,9
	Mainz (r)	-	0,9
	Oberlahnstein	1,3	1,3
	Braubach	1,4	-
	Köln	1,2	0,7
	Düsseldorf	8,7	0,8
	Wittlaer	-	0,6

Tabelle (Forts.)

Gewässer	Standorte	Mittelwerte ($\mu g/l$) 1976	1977
Rhein	Krefeld	-	1,6
	Duisburg	1,1	0,9
	Wesel	-	0,8
	Bimmen	1,1	0,9
	Lobith	1,1	-
Neckar	Mannheim	-	0,2
Main	Frankfurt-Niederr.	-	2,4
	Frankfurt-Hoechst	3,4	1,3
	Kostheim	3,2	0,1
Mosel	Koblenz	0,1	-
Ruhr	Hengsen	1,7	1,9
	Bochum	0,3	1,1
	Essen	-	0,4
	Duisburg	0,5	1,0
Emscher	Oberhausen	2,7	-
Lippe	Flaesheim	0,1	-
	Lippramsd.	2,7	-
	Hervest	3,3	-
	Gahlen	4,0	2,8
	Wesel	1,4	4,8
Elbe	Lauenburg	3,5	-
	Hamburg	-	2,1
	Glückstadt	1,4	-
Weser	Dedesdorf	0,2	-
Ems	Leer	0,1	-
Donau	Ulm	0,5	-
	Donauwörth	2,8	-
	Regensburg	0,8	-
	Passau	0,4	-
Iller	Ulm	0,2	-

Tabelle (Forts.)

Gewässer	Standorte	Mittelwerte ($\mu g/l$) 1976	1977
Lech	Rain	1,4	-
Isar	Plattling	0,7	-
Inn	Passau	3,5	-
Talsperren:	Grane	-	0,1
	Ennepe	0,1	-
	Wahnbach	-	0,1

Im Rahmen eines Forschungsvorhabens über Umweltchemikalien wurden im Rhein und einigen seiner Nebenflüsse Trichlorethylen-Konzentrationen gemessen (berichtet 1980):

Gewässer/Standorte	Konzentration ($\mu g/l$)
Rhein-Oberlauf	
Bodensee	0,4
ab Basel	3,1
Rhein-Mittellauf	
etwa Mainz	0,7
etwa Koblenz	1,0
Rhein-Unterlauf	
etwa Düsseldorf	0,8
etwa Duisburg	0,7 - 0,8
Grenze Holland	1,5
Rhein-Nebenflüsse	
Main	2,4
Ruhr	2,0
Neckar	0,7

Weiter werden für 38 Bäche verschiedener Einzugsgebiete
Analysenwerte angegeben (1978/79):

Anzahl der Wasserproben	Einzugsbereich	Mittel	Min. (µg/l)	Max.
65	Taunus	0,9	<0,1	3,7
28	Vogelsberg	0,7	<0,1	2,3
47	Spessart	0,8	<0,1	2,4
28	Odenwald	0,2	<0,1	0,9

Auch in zahlreichen Probenahmestandorten im norddeutschen
Raum wurden Trichlorethylen-Messungen im Oberflächenwasser
durchgeführt. Die in den jeweiligen Einzugsgebieten gemessenen Werte (1981) sind wie folgt:

Gewässer	Konzentration (µg/l)
Einzugsgebiet der Elbe	0,017 - 0,256
Küstengewässer Nordsee	n.n. - 0,620
Einzugsgebiet der Nordsee;Eider	n.n. - 0,086
Küstengewässer Ostsee	n.n. - 0,20
Küstengewässer Schlei	n.n. - 0,038
Einzugsgebiet der Ostsee; Trave	0,0089 - 0,36

n.n. = nicht nachweisbar

9.2 Oberflächenwasser - Europäische Länder

Aus England werden für die Bucht von Liverpool Trichlorethylen-Konzentrationen von 0,3 µg/l als Mittelwert und 3,6 µg/l
als Maximum mitgeteilt. Aus den Niederlanden werden folgende
Werte mitgeteilt:

Standort	Konzentration ($\mu g/l$)
Twente Canal Hengelo	0,26
Twente Canal Delden	< 0,2
Eems	11,0
Oostfriese Gaatje (Süd)	7,5
Oostfriese Gaatje (Nord)	0,7
Ranselgat	< 0,2
Huibertgat	0,2

In Frankreich wurden bei Pont Oraison bzw. Ste Tulle Konzentrationen von 6 - 25 bzw. ≤ 3 - 9 $\mu g/l$ festgestellt.

Im Oberflächenwasser des Züricher Sees (Schweiz) wurden 0,038 $\mu g/l$ gemessen, in 30 Meter Tiefe 0,065 $\mu g/l$.

9.3 Oberflächenwasser - Atlantik

Für den östlichen Atlantik werden Trichlorethylen-Konzentrationen von 0,5 bis 18,5 ng/l ($\hat{=}$ 0,0005 - 0,0185 $\mu g/l$) mitgeteilt, für den Nordost-Atlantik 7 ppt ($\hat{=}$ 0,007 $\mu g/l$).

9.4 Sonstige Wässer

Abwasser

In Abläufen verschiedener Gewässerbetriebe der Bundesrepublik Deutschland wurden Trichlorethylen-Konzentrationen zwischen 1 und 6 000 $\mu g/l$ ermittelt. Die in industriellen Abwässern in Nordrhein-Westfalen festgestellten Werte betragen 0,01 - 2 000 $\mu g/l$, kommunale Kläranlagenabläufe wiesen Konzentrationen von 0,1 bis 50 $\mu g/l$ auf. Außerdem wurden

in Zu- bzw. Abläufen von Kläranlagen des Ruhrverbandes
(1975-1978) die Trichlorethylen-Konzentrationen bestimmt;
die Werte betrugen 1 - 30 µg/l bzw. < 0,1 - 2 µg/l.

Auch in Abwässern des Frankfurter Flughafens wurden an verschiedenen Stellen und zu verschiedenen Zeiten Trichlorethylen-Messungen durchgeführt (1978); der ermittelte Maximalwert lag bei 2 000 mg/l, das Minimum etwa bei 0,05 mg/l. In den Regenwasserkanälen war die Konzentration geringer als dieses Minimum.

Regenwasser

In Regenwasser aus Industrie-Gebieten der Bundesrepublik Deutschland wurde eine maximale Trichlorethylen-Konzentration von 0,2 µg/l gemessen. Die Konzentrationsentwicklungen im Niederschlagswasser über ein Niederschlagsereignis in verschiedenen Gebieten der Bundesrepublik Deutschland zeigt die folgende Tabelle (1979; Angaben in µg/l):

Zeit	Rhein-Main Flughafen (Sept.)	Frankfurt Stadtgeb. (Juli)	Schwarzwald östl. Freiburg (Sept.)
1 h	13	1	3
2 h	2	0,1	0,2
3 h	< 0,1	< 0,1	< 0,1
4 h	< 0,1	-	-

Grundwasser

Die Trichlorethylen-Konzentrationen im Grundwasser verschiedener Standorte im Frankfurter Raum liegen etwa zwischen 0,4 und 159 µg/l (Tab. s. Datenliste). Auch die aus anderen Gebieten der Bundesrepublik Deutschland mitgeteilten Werte bewegen sich in diesem Bereich.

Trinkwasser

In Frankfurter Trinkwässern (1977) wurde ein Minimalwert von 1,3 µg/l und ein Maximalwert von 7,8 µg/l ermittelt. Trinkwässer des Rhein-Main-Gebietes (berichtet 1981) wiesen einen Höchstwert von 14,2 µg/l auf, es wurden aber auch nicht nachweisbare Konzentrationen beobachtet. Auch in Trinkwässern der Außenstellen des Instituts für Wasser-, Boden- und Lufthygiene in Frankfurt wurden Trichlorethylen-Konzentrationen gemessen; sie lagen zwischen 0,5 und 6,9 µg/l, mit Ausnahme eines Wertes von 71,3 µg/l.

Für japanisches Leitungswasser werden 0,0007 und 0,0009 µg/l (Dez. 1976) angegeben.

10. ABFALL

Informationen oder Daten über Abfallmenge und -beseitigung von Trichlorethylen konnten nicht beschafft werden.

1. IDENTIFIZIERUNG

1.1 CHEMISCHE BEZEICHNUNG

LIT.

T R I C H L O R E T H Y L E N

1.1.1 WEITERE BEZEICHNUNGEN, EINSCHL. HANDELSTRIVIAL-BEZEICHNUNGEN

Acetylene Trichloride
Algylen
ALK-Tri
Äthinyltrichlorid
Äthylentrichlorid
Äthylenum Trichloratum
Benzinol
Blacosolv
Blancosolv
Blascosoly
Cecolene
Cecolin Nr. 1
1-Chloro-2,2-Dichloroethylene
Chlorylen
Circosolve
Comedol
Dekapier 1
Dow-Tri
Drawinol
Dukeron
Dynatri
Ethinyl Trichloride
Ethylene Trichlore
Ethylene Trichloride
Ethynylchloride
Ethynyltrichloride

01
und
02

1. IDENTIFIZIERUNG

1.1.1 WEITERE BEZEICHNUNGEN, EINSCHL. HANDELSTRIVIAL-BEZEICHNUNGEN

LIT.

Ex-Tri
Fleck-Flip
Flock-Flip
Gemalgene
Germalgene
Hedolin
Hi-Tri
K 32
Lanadin
Lethurin
NCI-C045546
Nettolin
Neu-Tri
Nialk
Perm-A-Chlor
Petzinol
Philex
RK-Tri-Al
RK-Trichloräthylen
Sirius 1
Solana DWU
TCE
Threthylen
Threthylene
Tovoexene
Trethylene
Tri
Triad
Tri-Al
Triasol
Trichlooretheen
Trichloorethyleen, Tri
Trichloran

01
und
02

1. IDENTIFIZIERUNG

1.1.1	WEITERE BEZEICHNUNGEN, EINSCHL. HANDELSTRIVIAL-BEZEICHNUNGEN	LIT.

Trichloräthen 01
Trichloräthylen und
Trichloraethylen, Tri 02
Trichloren
Trichlorethene
Trichlorethylene
Trichlorethylene, Tri
Trichloroethene
Trichloroethylene
Trichloro Ethylene
1,1,2-Trichloroethylene
1,2,2-Trichloroethylene
Trichlorure d'Ethylene
Tri-Clene
Tricloretene
Tricloroetilene
Trielene
Trielin
Trielina
Trieline
Triklone
Tri L
Trilene
Triline
Trimar
Triol
Tristabil
Tri (Trichlorethen)
Urania 1
Vestrol
Vestrosol
Vitran

1. IDENTIFIZIERUNG

		LIT.
1.1.1	**WEITERE BEZEICHNUNGEN, EINSCHL. HANDELSTRIVIAL-BEZEICHNUNGEN** Wacker-Tri Westrosol	01 und 02
1.1.2	CAS-NUMMER 79-01-6	

1.2 STRUKTUR

1.2.1 STRUKTURFORMEL UND SUMMENFORMEL

C_2HCl_3

$$\begin{array}{c}Cl\\ \diagdown\\Cl-C=C-Cl\\ \diagup\diagdown\\ H\end{array}$$

1.2.2 MOLEKULARGEWICHT

Relative Molmasse   131,39 g/mol

1.2.3 ABSORPTIONSSPEKTRA (UV, IR, etc.)

keine Absorption **oberhalb** 300 nm   43, 94

λ_{max} [nm]: <200   (Dampf)   40

2. PHYS.- CHEM. EIGENSCHAFTEN

		LIT.
2.1 SCHMELZPUNKT		
$\underline{-73\ ^\circ C}$	bei 760 Torr $\hat{=}\ 101\ 324,72$ Pa	04
$-86\ ^\circ C$		05
2.2 SIEDEPUNKT		
$\underline{87\ ^\circ C}$	bei 760 Torr $\hat{=}\ 101\ 324,72$ Pa	04
$86,9\ ^\circ C$		15
2.3 DICHTE		
$d_4^{20} = 1,4642$		04

2. PHYS.- CHEM. EIGENSCHAFTEN

			LIT.
2.4	DAMPFDRUCK		
	<u>57,9 mm Hg</u>	bei 20 °C	21
	≙ 7 719,34 Pa	bei 20 °C	
	57,7 Torr	bei 20 °C	11
	≙ 7 719,34 Pa	bei 20 °C	
	$7,8 \times 10^3$ Pa	bei 293 K	40
	≙ 7 800 Pa	bei 293 K	
	1 mm Hg	bei −43,8 °C	04
	≙ 133,322 Pa	bei −43,8 °C	
	10 mm Hg	bei −12,4 °C	
	≙ 1 333,22 Pa	bei −12,4 °C	
	100 mm Hg	bei 31,4 °C	
	≙ 13 332,2 Pa	bei 31,4 °C	
	760 mm Hg	bei 86,7 °C	
	≙ 101 324,72 Pa	bei 86,7 °C	
2.5	<u>OBERFLÄCHENSPANNUNG EINER WÄSSERIGEN LÖSUNG</u>		

2. PHYS.- CHEM. EIGENSCHAFTEN

		LIT.
2.6	WASSERLÖSLICHKEIT	
	$\underline{1\ 100\ parts/10^6}$ by mass (20 °C)	21
	$\hat{=}\ 1,1$ g/l bei 20 °C	
	schwer löslich bei 20 °C (ca. 1 - 10 g/l)	02 07
	Mischbarkeit mit Wasser: sehr geringfügig (0,04 Gew.-%)	05
	0,11 Gew.-% Lösemittel in Wasser bei 25 °C 0,025 Gew.-% Wasser in Lösemittel bei 25 °C	16
2.7	FETTLÖSLICHKEIT	
	mischbar[1] bei 37 °C	43
2.8	VERTEILUNGSKOEFFIZIENT	
	$\underline{\log P_{ow} = 2,29}$ (n-Oktanol/Wasser)	73 97
	$\log P_{ow} = 3,24$	40
	Was./Luft 20 °C = 2,74	21

[1] nach OECD-Prüfrichtlinien

2. PHYS.-CHEM. EIGENSCHAFTEN

		LIT.
2.9	ZUSÄTZLICHE ANGABEN	
2.9.1	FLAMMPUNKT	
2.9.2	EXPLOSIONSGRENZEN IN LUFT	
	7,9 Vol.-% untere Explosionsgrenze	09
	bezogen auf 20 °C, 760 Torr:	09
	430 g/m^3 untere Explosionsgrenze	
2.9.3	ZÜNDTEMPERATUR	
	410 °C	09
2.9.4	ZÜNDGRUPPE (VDE)	
	G2	09

2. PHYS.- CHEM. EIGENSCHAFTEN

		LIT.
2.9.5	KOMPLEXBILDUNGSFÄHIGKEIT	
2.9.6	DISSOZIATIONSKONSTANTE (pKa-Wert)	
2.9.7	STABILITÄT	
2.9.8	HYDROLYSE	

pH = 2; 25 °C: $t_{1/2}$ = 117 Tage[1]
pH = 7; 25 °C: stabil[1]
pH = 9; 25 °C: $t_{1/2}$ = 145 Tage[1]

43
100

Halbwertszeit[2] (im Dunkeln)   10,7 Monate

86

Hydrolysiert praktisch nicht

02
90

---

[1] nach OECD-Prüfrichtlinien
[2] siehe auch S. 78

2. PHYS.- CHEM. EIGENSCHAFTEN

2.9.9   KORROSIVITÄT (Redox-Potential)

2.9.10 ADSORPTION/DESORPTION

K_{oc}^{1} 720

LIT.

40

2.9.11 TEILCHENGRÖSSE UND -FORM

2.9.12 VOLATILITÄT

Volatilität aus wäßriger Lösung:

berechnet:
$t_{1/2}$ (1 m, 20 °C) = 22 x 10^3 s (6,1 h)

gemessen:
$t_{1/2}$ (1 m, 20 °C) = 64 x 10^3 s (17,7 h)

43

---

[1] berechnet nach P_{ow}

2. PHYS.- CHEM. EIGENSCHAFTEN

		LIT.
2.9.13	<u>VISKOSITÄT</u>	
	Dynamische Viskosität: 0,57 m Pa s bei 20 °C	43 91
2.9.14	<u>SÄTTIGUNGSKONZENTRATION</u>	
2.9.15	<u>AGGREGATZUSTAND</u>	
	flüssig	05
2.9.16	<u>SONSTIGE ANGABEN</u>	
	Brechungsindex bei 20 °C 1,4773	03
	Dichteverhältnis (gasf.) 4,53 (Luft = 1)	09
	Verdunstungszahl 3,5 (Ether = 1)	43 101
	Verdunstungszahl 3,8 (Ether = 1)	09
	Ionisierungsenergie 9,45 eV	43 95

2. PHYS.- CHEM. EIGENSCHAFTEN

2.9.16 SONSTIGE ANGABEN

Verhalten bei Freiwerden und Vermischen mit Wasser:
vermischt sich nur unwesentlich mit Wasser und sinkt ab.

LIT. 05

Flüchtigkeit aus Wasser[1]:
Abnahme auf 20 km Flußstrecke (Glatt)   82,9 %

LIT. 06, 83

Geruchsschwelle = 50 ppm

LIT. 05

Trichlorethylen wird als schwer brennbar angegeben.

LIT. 09

Ostwaldsche Löslichkeit:

$$\alpha' = \frac{c\ (H_2O)}{c\ (Luft)} = 1/H \text{ bei } 20\ °C \qquad 2,66$$

LIT. 43

Farbe: farblos

LIT. 43

Geruch: charakteristisch, an Chloroform erinnernd

LIT. 43, 102

Schwellenwert Luft: 440 mg m^{-3}

LIT. 43, 101

---

[1] Es ist nachzuprüfen, ob es sich nur um Verflüchtigung handelt.

3. ANGABEN ZUR VERWENDUNG

	LIT.
3.1 BESTIMMUNGSGEMÄSSE VERWENDUNGSZWECKE	
3.1.1 VERWENDUNGSARTEN	
Verbrauchsspektren	
Metallentfettung 80 % Chemische Reinigung 10 % (Drycleaning) Lösemittel 10 %	08
Metall- und Oberflächenreinigung 75 - 85 % Lösungen, Tauchlacke 10 % Industrielle Textilreinigung 2 %	53
Bundesrepublik Deutschland (1976):[1] Metallreinigung 83 % Lösemittel 9 % Chemische Reinigung/ 8 % Entfetten von Leder	51
Bundesrepublik Deutschland (1976):[2] Metallentfettung 65 % Extraktion (Ölfrüchte, 15 % Coffein, Nikotin) Biozid Chemische Reinigung 20 %	51

[1] Schätzung der OECD-Chemicals Group
[2] Schätzung der Landesanstalt für Wasser und Abfall, Nordrhein-Westfalen

3. ANGABEN ZUR VERWENDUNG

3.1.1 VERWENDUNGSARTEN | LIT.

Verbrauchsspektren

Westeuropa (1980): | | 18
Chemische Reinigung | 10 %
Metallentfettung | 80 %
Sonstiges | 10 %

SONSTIGES

Recycling-Quote:[1] | | 11

Chemische Reinigung   40 - 50 %
(Bayern 1974)
Industrie   65 %
(Bad.-Württ. 1974)

Prognose:
Recycling-Quote bei Chem. Reinigung auf 95 %
und bei Industrie auf 90 % steigerungsfähig.

---

[1] Bericht des Arbeitskreises 2.3 (für das Abfallwirtschaftsprogramm des Bundesministers des Innern) vom 24.11.74 (S. 22)

3.	ANGABEN ZUR VERWENDUNG	
3.1.2	ANWENDUNGSBEREICH MIT UNGEFÄHRER AUFGLIEDERUNG	LIT.
3.1.2.1	In geschlossenem System	08
	......	
3.1.2.2	Produzierendes Gewerbe	
	......	
3.1.2.2.1	Industrie	
	70 %	
3.1.2.2.2	Handwerk	
	20 %	
3.1.2.3	Landwirtschaft, Forsten, Fischerei	
	......	
3.1.2.4	Baugewerbe (ohne Handwerk)	
	......	
3.1.2.5	Dienstleistungsgewerbe	
	10 %	
3.1.2.6	Privater und öffentlicher Verbrauch	
	......	

4. HERSTELLUNG, IMPORT, EXPORT

4.1 GESAMTHERSTELLUNG UND/ODER EINFUHR

Bundesrepublik Deutschland

		LIT.
Produktion 1971	73 954 t[1]	11
1972	84 459 t[1]	
1973	57 137 t[1]	
Produktion 1974	60 000 t	10
Produktion 1975	57 000 t	51
Produktion 1980 (als realistisch angenommen)	47 000 t	55
Verbrauch 1975	55 090 t	16
1976	61 290 t	
1977	58 516 t	
Metallentfettung	49 700 t/Jahr	
Lösungen, Tauchlacke	5 800 t/Jahr	
Entfettungsmittel in der Metallindustrie	65 000 t/Jahr	11
Lösemittel für Chemische Reinigung	rd. 20 000 t/Jahr	
Verbrauch (1974)[2]		52
Produktion	79 400 t	
plus Import	2 600 t	
minus Export	17 000 t	
Verbrauch	65 000 t	

[1] Quelle: Statistisches Bundesamt Wiesbaden (1973)
[2] Angaben des Verb. der Chem. Industrie (1978)

4. HERSTELLUNG, IMPORT, EXPORT

4.1 GESAMTHERSTELLUNG UND/ODER EINFUHR

Bundesrepublik Deutschland

Verbrauch:[1]

	1973	1974	1975	1976	1977
			(t/a)		
Produktion	81 232	46 909	56 531		54 403
+ Import		9 472	14 342	12 904	12 624
- Export		21 934	15 782	9 531	8 511
Verbrauch	68 770	34 447	55 091	61 290	58 516

LIT. 52

Produktion 1974   47 000 t 40

---

[1] Bayerisches Staatsministerium für Wirtschaft und Verkehr (1978).

4. HERSTELLUNG, IMPORT, EXPORT

4.1 <u>GESAMTHERSTELLUNG UND/ODER EINFUHR</u>   LIT.

Bundesrepublik Deutschland

Ein- und Ausfuhr 1982 (Angaben in t):   20

Land	September 1982	Jan./Sept. 1982
Einfuhr		
Frankreich	175,7	2 367,7
Bellux	422,7	1 258,2
Niederlande	58,6	1 187,6
Italien	528,9	2 910,8
Großbritannien	20,8	99,0
Österreich	230,7	1 258,9
Spanien	632,6	2 663,3
Polen		719,3
Rumänien		445,4
USA	8,5	84,0
Ausfuhr		
Frankreich	3,1	304,7
Italien	21,4	280,9
Schweiz	20,1	366,9
Türkei	0,1	67,2
Ungarn	8,0	50,5

4. HERSTELLUNG, IMPORT, EXPORT

4.1 GESAMTHERSTELLUNG UND/ODER EINFUHR

LIT.

Bundesrepublik Deutschland

Verbrauch an Trichlorethylen in der Metallentfettung (Bayern):

52

Regierungsbezirk Stadt/Landkreis	Verbrauch (t/a)
Oberbayern	2 928,5
Stadt Ingolstadt	322,7
" München	1 583,7
" Rosenheim	35,5
" Altötting	30,6
Berchtesgadener Land	23,5
Bad Tölz/Wolfratshausen	40,1
Dachau	51,7
Ebersberg	40,2
Eichstätt	21,0
Erding	15,4
Freising	76,7
Fürstenfeldbruck	39,2
Garmisch-Partenkirchen	11,9
Landsberg a. Lech	25,5
Miesbach	19,3
Mühldorf a. Inn	38,7
München	206,7
Neuburg-Schrobenhausen	18,2
Pfaffenhofen a.d. Ilm	44,0
Rosenheim	39,0
Starnberg	59,9
Traunstein	107,7
Weilheim-Schongau	77,2

4. HERSTELLUNG, IMPORT, EXPORT

4.1 GESAMTHERSTELLUNG UND/ODER EINFUHR LIT.

Bundesrepublik Deutschland

Fortsetzung Tabelle 52

Regierungsbezirk Stadt/Landkreis	Verbrauch (t/a)
Niederbayern	647,4
Stadt Landshut	61,8
" Passau	73,3
" Straubing	40,2
Deggendorf	49,9
Freyung-Grafenau	28,6
Kelheim	36,7
Landshut	35,3
Passau	81,6
Regen	32,6
Rottal-Inn	29,4
Straubing-Bogen	14,6
Dingolfing-Landau	163,4
Oberpfalz	603,9
Stadt Amberg	74,2
" Regensburg	154,4
" Weiden	16,5
Amberg-Sulzbach	56,1
Cham	51,9
Neumarkt	46,7
Neustadt	51,9
Regensburg	50,1
Schwandorf	75,0
Tirschenreuth	27,0

4. HERSTELLUNG, IMPORT, EXPORT

4.1 GESAMTHERSTELLUNG UND/ODER EINFUHR

LIT. 52

Bundesrepublik Deutschland

Fortsetzung Tabelle

Regierungsbezirk Stadt/Landkreis	Verbrauch (t/a)
Oberfranken	656,0
Stadt Bamberg	106,7
" Bayreuth	49,5
" Coburg	56,0
" Hof	29,8
Bamberg	29,0
Bayreuth	57,7
Coburg	53,2
Forchheim	42,5
Hof	43,8
Kronach	58,4
Kulmbach	26,9
Lichtenfels	37,6
Wunsiedel	64,7
Mittelfranken	1 972,0
Stadt Ansbach	33,4
" Erlangen	378,0
" Fürth	146,1
" Nürnberg	896,5
" Schwabach	52,1
Ambach	69,1
Erlangen-Höchstadt	73,2
Fürth	37,3
Nürnberg-Land	134,1
Neustadt-Bad Windsheim	39,7
Roth	52,3
Weissenburg-Gunzenhausen	60,1

4. HERSTELLUNG, IMPORT, EXPORT

4.1 GESAMTHERSTELLUNG UND/ODER EINFUHR

LIT. 52

Bundesrepublik Deutschland

Fortsetzung Tabelle

Regierungsbezirk Stadt/Landkreis	Verbrauch (t/a)
Unterfranken	983,9
Stadt Aschaffenburg	87,8
" Schweinfurt	303,0
" Würzburg	112,3
Aschaffenburg	86,4
Bad Kissingen	40,7
Haßberge	85,9
Kitzingen	63,3
Main-Spessart	35,6
Miltenberg	49,9
Rhön-Grabfeld	73,1
Schweinfurt	14,1
Würzburg	31,8
Schwaben	1 228,9
Stadt Augsburg	348,5
" Kaufbeuren	19,4
" Kempten	51,5
" Memmingen	58,1
Aichach-Friedberg	60,5
Augsburg	79,8
Dillingen	70,4
Günzburg	79,3
Neu-Ulm	144,3
Lindau	38,9
Ostallgäu	74,7
Unterallgäu	40,9
Donau-Ries	99,8
Oberallgäu	62,9

4. HERSTELLUNG, IMPORT, EXPORT

		LIT.
4.2	<u>HERGESTELLTE MENGE IN DER EG</u> (Gesamt)	
	Produktion 1978 244 000 t	08
4.3	<u>HERGESTELLTE MENGE IN DEN EINZELNEN EG-LÄNDERN</u> (oder: Länder, die den Stoff herstellen) Bundesrepublik Deutschland England Frankreich Italien Niederlande	08

4. HERSTELLUNG, IMPORT, EXPORT

4.4 WESTEUROPA

LIT.
18

Jahr	Jährl. Produktion (t)	Import (t)	Export (t)
1977	-	15 000	25 000
1978	270 000	12 000	19 000
1979	240 000	20 000	16 000
1980	-	18 000	14 000

Jährlicher Verbrauch:

1978	275 000 t
1979	265 000 t
1980	250 000 t

4. HERSTELLUNG, IMPORT, EXPORT

4.5 USA

LIT.

Jährliche Produktion in t:[1]

18

Jahr	Produktion
1960	160 027,4
1961	140 250,8
1962	161 524,3
1963	167 012,7
1964	168 056,0
1965	197 085,9
1966	217 815,1
1967	222 260,3
1968	235 459,8
1969	270 704,0
1970	277 054,3
1971	233 509,4
1972	193 547,9
1973	204 887,7
1974	176 039,2
1975	132 766,5
1976	143 108,4
1977	134 943,7
1978	135 624,1
1979	144 877,4
1980	120 882,4

[1] Angaben ursprünglich in Millionen lb
Umrechnung: 1 lb = 0,45359243 kg

4. HERSTELLUNG, IMPORT, EXPORT

4.5 USA | LIT.

Produktion plus Import minus Export (t): | 18

Jahr	Produktion
1970	276 000
1971	214 000
1972	202 000
1973	209 000
1974	157 000
1975	121 000
1976	134 000
1977	122 000
1978	126 000
1979	122 000
1980	97 000

Produktion 1977   130 000 t | 10

4. HERSTELLUNG, IMPORT, EXPORT

4.6 JAPAN

LIT. 18

Jahr	Jährl. Produktion (t)	Import (t)	Export (t)
1972	106 000	-	-
1973	111 000	-	-
1974	90 000	-	-
1975	85 000	-	-
1976	80 000	-	-
1977	81 000	200	10 000
1978	75 000	z.v.	10 900
1979	81 000	100	10 800
1980	82 000	z.v.	12 800

z.v. = zu vernachlässigen (weil Mengen zu gering)

Jährlicher Verbrauch:
1975	71 000 t
1977	72 000 t
1979	76 000 t

4. HERSTELLUNG, IMPORT, EXPORT

4.7	WELT		LIT.
	Jährliche Produktionsmenge (Berichterstattung 1982)	1 000 000 t	43 92 93
	Produktion 1975	1 010 000 t	51

5. TOXIKOLOGIE

5.1 MAXIMALE ARBEITSPLATZKONZENTRATIONEN | LIT.

Bundesrepublik Deutschland 1983 | 81

ml/m^3 (ppm)	MAK	mg/m^3
50		260

Verweis auf Abschn. III B, "Stoffe mit begründetem Verdacht auf krebserzeugendes Potential". DFG 1983, S. 53.

6. ÖKOTOXIKOLOGIE

		LIT.
6.1 **AUSWIRKUNGEN AUF ORGANISMEN**		
6.1.1 **FISCHE**		
LC_0 Goldorfe[1]	102 mg/l	46
LC_{50} Goldorfe[1]	136 mg/l	
LC_{100} Goldorfe[1]	145 mg/l	
LC_0 Goldorfe[2]	102 mg/l	
LC_{50} Goldorfe[2]	203 mg/l	
LC_{100} Goldorfe[2]	248 mg/l	
LC_{50}, 48 h, Goldorfe	136 mg/l	40
LC_{50} *Brachydanio rerio	152 mg/l	
LC_{50} *Brachydanio rerio	120 mg/l	
LC_{50}, 96 h, Limanda limanda	16 mg/l	21
Akute ca.-Toxizität für: kaltblütige Wirbeltiere	55 - 660 mg/l	65

---

[1] nach Juhnke, LWA NW
[2] nach Lüdemann, WaBoLu Berlin
* In den OECD-Richtlinien angegebener Test-Organismus

6. ÖKOTOXIKOLOGIE

6.1.1 FISCHE | LIT.

Toxizitätsstudien mit *Pimephales promelas im Durchfluß-System (EC-Werte):[1]

EC_{10} , 24 h	15,2 (10,0 - 18,3)^2 mg/l	
EC_{50} , 24 h	23,0 (19,8 - 27,4) mg/l	
EC_{90} , 24 h	36,2 (30,3 - 51,2) mg/l	
EC_{10} , 48 h	16,9 (11,6 - 19,6) mg/l	
EC_{50} , 48 h	22,7 (19,7 - 27,3) mg/l	
EC_{90} , 48 h	30,6 (26,0 - 49,2) mg/l	
EC_{10} , 72 h	15,5 (10,0 - 18,2) mg/l	
EC_{50} , 72 h	22,2 (18,9 - 27,3) mg/l	
EC_{90} , 72 h	31,8 (26,2 - 55,0) mg/l	
EC_{10} , 96 h	13,7 (8,5 - 16,6) mg/l	
EC_{50} , 96 h	21,9 (18,4 - 28,5) mg/l	
EC_{90} , 96 h	34,9 (27,3 - 70.9) mg/l	

62

---

[1] Beobachteter Effekt: Gleichgewichtsverlust.
[2] 95 % Vertrauensgrenze
* In den OECD-Richtlinien angegebener Test-Organismus

6. ÖKOTOXIKOLOGIE

		LIT.
6.1.1	FISCHE	
	Toxizitätsstudien mit *Pimephales promelas im Durchfluß-System (LC-Werte):	62

LC_{10}, 24 h	34,7 (24,4 - 41,4)[1] mg/l
LC_{50}, 24 h	52,4 (44,3 - 65,7) mg/l
LC_{90}, 24 h	79,1 (63,7 -131,6) mg/l
LC_{10}, 48 h	27,7 (17,3 - 35,0) mg/l
LC_{50}, 48 h	53,3 (43,1 - 75,5) mg/l
LC_{90}, 48 h	102,6 (73,3 -238,0) mg/l
LC_{10}, 72 h	20,9 (11,9 - 26,1) mg/l
LC_{50}, 72 h	39,0 (31,8 - 57,5) mg/l
LC_{90}, 72 h	72,6 (51,7 -109,2) mg/l
LC_{10}, 96 h	17,4 (9,0 - 22,9) mg/l
LC_{50}, 96 h	40,7 (31,4 - 71,8) mg/l
LC_{90}, 96 h	95,0 (59,0 -419,9) mg/l

[1] 95 % Vertrauensgrenze

* In den OECD-Richtlinien angegebener Test-Organismus

6. ÖKOTOXIKOLOGIE

6.1.2 DAPHNIEN

				LIT.
EC_0	*Daphnia magna[1]	1 130	mg/l	75
EC_{50}	*Daphnia magna[1,2]	1 313	mg/l	
EC_{100}	*Daphnia magna[1]	1 500	mg/l	
EC_{50}, 24 h	Daphnia[3]	17,6	mg/l	40
EC_{50}, 24 h	Daphnia[3]	27	mg/l	
LC_{50}, 48 h	*Daphnia magna[4]	65	mg/l	64
LC_{50}, 48 h	Daphnia pulex[5]	45	mg/l	
LC_{50}, 48 h	Daphnia cucullata[5]	57	mg/l	
LC_{50}	*Daphnia magna	1 000	mg/l	56
Ostracoda (Muschelkrebse)[6]				01
Daphnia:				12
ohne Befund		> 10	mg/l	
tödlich, 48 h		160	mg/l	

[1] bezeichneter Effekt: Schwimmfähigkeit
[2] Vertrauensbereich P 95 % = 1 255 - 1 373 mg/l
[3] "acute immobilisation and 14-d reprod. test"
"data achieved according to OECD test guideline"
[4] Durchschnitt von mehreren Werten
[5] Durchschnitt von zwei Werten
[6] Da die Daten für beide Organismen angegeben wurden, ist hier keine Trennung vorgenommen worden.

* In den OECD-Richtlinien angegebener Test-Organismus

6. ÖKOTOXIKOLOGIE

6.1.3	ALGEN		LIT.
	LC_{50} einzellige Algen	8 mg/l	36
	Grünalgen und Wasserpflanzen,[1] letal	160 mg/l	01 12
	Toxische Grenzkonzentration *Scenedesmus quadricauda	>1 000 mg/l	74
	Wachstumshemmung bei	8 - 63 mg/l	40

[1] Da die Konzentrationsangabe sowohl für Grünalgen als auch für Wasserpflanzen angegeben wurde, wird hier keine Trennung vorgenommen.

* In den OECD-Richtlinien angegebener Test-Organismus

6. ÖKOTOXIKOLOGIE

6.1.4 MIKROORGANISMEN | LIT.

Toxische Grenzkonzentration Pseudomonas putida[1] 65 mg/l	14
Inaktivierung Bakterien ca. 900 mg/l	43 92
Minimale Hemmkonzentration (MHK) bei Bakterien-Species:	88

Geprüfter Konzentrationsintervall (mg/l)	MHK (mg/l)		
	Pseudomonas cepacia	Aeromonas hydrophila	Bacillus subtilis
0,24 - 235	I.D.	I.D.	235

I.D. = Indifferenz

Wachstumsreduktion von Escherichia coli durch Tri-Dämpfe.	06 37
Letale Dosis für Anaerobier im Klärschlamm: > 20 ppm[2]	06 38
Reduziert in konzentrierter Anwendung das Wachstum von Salmonella pneumonia und Haemophilus influenza.	06 39

---

[1] Trichlorethylen gelöst in bidest. Wasser, pH 7,0
[2] Angabe zu TG oder FG fehlt

6. ÖKOTOXIKOLOGIE

6.1.4 MIKROORGANISMEN	LIT.
Reduziert das Wachstum von Escherichia coli und Staphylococcus aureus an der Oberfläche von Membranen, nicht aber auf Blutagar.	06 37
Abnahme der Gasproduktion von aktiviertem Schlamm[1] zu 75 % durch 1 775 mg/kg Tri im Schlamm (bezogen auf Trockengewicht).	06 33
Bakterientest nach Bringmann, Ringtest unter Beteiligung von 11 Laboratorien: Mittelwert 81,0 mg/l Standardabweichung 46,5 mg/l	01 89
Bakterientest nach Robra, Ringtest unter Beteiligung von 10 Laboratorien: Mittelwert 550 mg/l Standardabweichung 329 mg/l	01 89
Bakterien: 916 mg/l letal (zum größten Teil, Schädigung von Bodenfiltern)	01 12

[1] Belebtschlamm

6. ÖKOTOXIKOLOGIE

6.1.4 MIKROORGANISMEN

Vergleich der toxischen Schwellenwerte von Pseudomonas putida (Bakterie) (TT_{ps}),*Scenedesmus quadricauda (Grünalge) (TT_{sc}) und Entosiphon sulcatum (Protozoon) (TT_{en}):

LIT. 74

$TT_{ps}{}^1$	TT_{sc}	TT_{en}
65 mg/l	> 1 000 mg/l	1 200 mg/l

Toxische Grenzkonzentrationen für Protozoen:

		LIT.
Uronema parduczi Chatton-Lwoff[2,3] (bakterienfressendes Ciliat)	> 960 mg/l	78
Entosiphon sulcatum Stein[2,4] (bakterienfressendes Flagellat)	1 200 mg/l	79
Chilomonas paramecium Ehrenberg[2,4] (saprozoisches Flagellat)	> 400 mg/l	80

Toxische Grenzkonzentration
Microcystis aeruginosa[2,3]   63 mg/l   14

[1] Selektive Toxizität für Pseudomonas putida
[2] Beginnende Hemmung der Zellvermehrung
[3] Trichlorethylen gelöst in bidest. Wasser, pH 7,0
[4] Trichlorethylen gelöst in bidest. Wasser, pH 6,9

* In den OECD-Richtlinien angegebener Test-Organismus

6. ÖKOTOXIKOLOGIE

6.1.5 WASSERPFLANZEN UND SONSTIGE ORGANISMEN | LIT.

akute ca.-Toxizität für: | | 65
niedere Wasserorganismen | 660 mg/l

LC_{50}, 48 h Nauplien von Elminius 20 mg/l | 21
modestus

7. ELIMINATION - ABBAU - PERSISTENZ

7.1 ELIMINATION

	LIT.
Verwendung größerer Mengen Aktivkohle bei der Trinkwasseraufbereitung erforderlich.	11
Adsorption Tri wird stark an Belebtschlamm sorbiert, aber durch Belüften wieder entfernt.	06 34
Quantitative Analyse durch GC-MS im Wasserwerk (C) am Rhein (27.11.75 - 20.1.76): Rhein[1] 600 ng/l $\triangleq$ 0,6 µg/l Uferfiltrat[2] 450 ng/l $\triangleq$ 0,45 µg/l Rohwasser[3] 600 ng/l $\triangleq$ 0,6 µg/l Trinkwasser[4] 550 ng/l $\triangleq$ 0,55 µg/l	61

---

[1] Rheinwasser, direkte Entnahme

[2] Uferfiltrat, von dem ein kleiner Teil mit ca. 1 mg/l Chlor vorbehandelt ist. Infolge einer Verweilzeit von mehreren Stunden findet eine totale Chlorzehrung statt.

[3] Rohwasser, ozont und filtriert. Das Wasser ist mit 2 mg/l Ozon behandelt (Verweilzeit ca. 15 Min.) mit einer Entmanganung im nachfolgenden Kiesfilter.

[4] Trinkwasser ungechlort. Die Probe ist nach dem Aktivkohlefilter entnommen. Das Filter ist viermal regeneriert, der Durchsatz betrug 65 m^3/kg bei einer Laufzeit von 5 Monaten.

7. ELIMINATION – ABBAU – PERSISTENZ

7.1 ELIMINATION

Mississippi-Wasser im Jefferson Parish Wasserwerk (2.7.77 – 8.5.77):

Anzahl der Funde[1]	Mittelwert[2] (μg/l)	Minimum (μg/l)	Maximum (μg/l)
Fluß[3]			
24	0,20	0,1	1,4
Sand-Filter[4]			
15	0,087	0,2	0,5

LIT. 69

[1] Anzahl der Trichlorethylen-Funde zu einem Level, der über der Bestimmungsgrenze (0,6 μg/l) lag.

[2] arithmetisches Mittel aus 52 Proben

[3] Fluß = unbehandeltes Mississippi-Wasser

[4] Sand-Filter = eintretendes Wasser in das Verteilungssystem

7. ELIMINATION - ABBAU - PERSISTENZ

		LIT.
7.2	ABBAU - PERSISTENZ	
7.2.1	BIOTISCHER ABBAU	
	Biologischer Abbau in Wasser und Abwasser: Persistenzgruppe 4 (Persistenz 2 - 18 Monate in unadaptierten Böden).	06 82
	Biotischer Abbau im Wasser: Im Meerwasser war nach 200 Stunden der Schwund linear 60% bei Licht, in einem offenen System; 30% bei Licht, in einem geschlossenen System; 40% im Dunkeln, in einem offenen System; und 20% im Dunkeln, in einem geschlossenen System. Die Flüchtigkeit des Stoffes scheint sich stärker auszuwirken als seine Zersetzung unter Lichteinfluß. Die Halbwertszeit des Trichlorethylens im Wasser beträgt wegen der Verdampfungsverluste nur 27 Minuten.	08 98
	BOD (geschlossener Flaschentest)[1] 18	40

---

[1] "data achieved according to OECD test guideline"

7. ELIMINATION – ABBAU – PERSISTENZ

7.2.2 <u>ABIOTISCHER ABBAU</u>

Troposphärische Halbwertsdauer bezüglich der Reaktion mit OH-Radikalen:

K_{OH} (cm^3 Molekül^{-1}s^{-1})	τ^{1}_{OH} (Tage)
$2,4 \times 10^{-12}$	3,3

LIT. 50

(Chemische) Halbwertszeit im Wasser:
2,5 Jahre (geschätzt)

LIT. 21

Troposphärische Halbwertszeit (3,1 parts/10^3 by mass $\hat{=}$ 3 100 ppm):
6 Wochen

LIT. 21

$t_{1/2} = 8$ d ($[OH] = 5 \times 10^5 cm^{-3}$)
$k_{OH} = 2,0 \times 10^{-12} cm^3 s^{-1}$

LIT. 40

<u>Thermische Zersetzung:</u>
400 °C bzw. 700 °C zu HCl und HCB

LIT. 43, 92

---

[1] Für die Berechnung der Halbwertslebensdauer wurde eine OH-Konzentration von 1×10^6 Moleküle/cm^3 angenommen.

7. ELIMINATION - ABBAU - PERSISTENZ

7.2.2	ABIOTISCHER ABBAU	LIT.
	Chemischer Sauerstoffbedarf für Abbau (CSB): 0,365 g O_2/g Trichlorethylen	43
	Oxidation: Spaltung der C-C -Doppelbindung durch Ozon	11 47
	Freilandversuche mit Kartoffeln (1. Jahr) und Möhren (2. Jahr): Verteilung im System Pflanze-Boden: Dosis 5 kg/ha Wiedergefundenes ^{14}C 1. Jahr 4 - 5 % 2. Jahr im Boden, oberste Schicht (0 - 10 cm) 1. Jahr 6 % (0,22 ppm) 2. Jahr 5 % (0,17 ppm) in Pflanzen 0,1 % im Sickerwasser <0,1 % in flüchtigen Verbindungen (chemische Natur nicht festgelegt) 1. Jahr 94 - 95 %	77
	Folgende Ergebnisse bei der Aufarbeitung der Rückstände: extrahierbar -Boden 50 % -Pflanze 50 % mehrere Umwandlungsprodukte nicht extrahierbar 1/3 an die Humusfraktion des Bodens gebunden	

7. ELIMINATION – ABBAU – PERSISTENZ

| 7.2.2 | ABIOTISCHER ABBAU | | | | LIT. |

Zersetzungsraten in belüftetem Wasser bei Dunkelheit und in Anwesenheit von Sonnenlicht:[1]

	0 Mon. (ppm)	6 Mon. (ppm)	12 Mon. (ppm)	$t_{1/2}$[2] (Mon.)
Dunkelheit	1,00	0,68	0,44 / 0,48	10,7
Licht	1,00	0,56	0,21 / 0,30	

Literatur: 86

| 7.2.3 | ABBAUPRODUKTE |

Bei UV-Bestrahlung in Luft entsteht u.a. Phosgen.

Literatur: 06, 32

Chlorwasserstoff, Phosgen

Literatur: 11, 35, 87

---

[1] siehe S.43, Hydrolyse-Halbwertszeit

[2] "Calculated on the assumption of a first order reaction."

8. AKKUMULATION

8.1 VORKOMMEN IN ORGANISMEN

Konzentration in Mollusken, µg/kg
(TG, bei 150 °C) (berichtet 1976):[1]

LIT. 42

Spezies und Organ	Konz. µg/kg
Buccinum undatum	
Digestive gland	2
Muscle	–
Modiolus modiolus	
Digestive tissue	56
Mantle	250
Muscle	33
Pecten maximus	
Gill	–
Mantle	–
Muscle	–
Ovary	–
Testis	–

		LIT.
Biokonzentrationsfaktor Fisch	39	40
Biokonzentrationsfaktor *Lepomis macrochirus	17	43 103

[1] Irish Sea

* In den OECD-Richtlinien angegebener Test-Organismus

8. AKKUMULATION

8.1 VORKOMMEN IN ORGANISMEN

LIT. 42

Vorkommen in Fischen, µg/kg (TG, bei 150 °C) (berichtet 1976):[1]

Spezies und Organ	Konz. µg/kg
Conger conger	
Gehirn (Brain)	62
Kieme (Gill)	29
Darm (Gut)	29
Leber (Liver)	43
Muskel (Muscle)	70
Gadus morrhua	
Gehirn (Brain)	56
Kieme (Gill)	21
Herz (Heart)	11
Leber (Liver)	66
Muskel (Muscle)	8
Knochengewebe (Skeletal tissue)	-
Magen (Stomach)	7
Pollachius virens	
Verdauungskanal (Alimentary canal)	306
Gehirn (Brain)	71
Kieme (Gill)	-
Herz (Heart)	-
Leber (Liver)	70
Muskel (Muscle)	8

[1] Irish Sea

8. AKKUMULATION

8.1 VORKOMMEN IN ORGANISMEN

		LIT.
Fortsetzung Tabelle		42

Spezies und Organ	Konz. $\mu g/kg$	
Scyliorhinus canicula		
Gehirn (Brain)	40	
Kieme (Gill)	176	
Darm (Gut)	41	
Herz (Heart)	274	
Leber (Liver)	479	
Muskel (Muscle)	41	
Milz (Spleen)	307	
Trisopterus luscus		
Gehirn (Brain)	-	
Kieme (Gill)	40	
Darm (Gut)	-	
Leber (Liver)	143	
Muskel (Muscle)	187	
Knochengewebe (Skeletal tissue)	185	

		LIT.
Wirbellose[1]	1 - 10 $\mu g/kg$	43 / 104
diverse Süß- und Salzwasserfische, Norwegen[1]	0,6 - 96 $\mu g/kg$	43 / 107

[1] Aus der Sekundärliteratur geht nicht hervor, ob sich der Wert auf Naßgewicht oder Trockengewicht bezieht.

8. AKKUMULATION

8.1 VORKOMMEN IN ORGANISMEN LIT.

21

Vorkommen in Meeresorganismen in England (1975):

Art	Herkunft	Konzentration µg/kg (FG)
Invertebraten:		
Plankton	Liverpool Bay	0,05 - 0,4
Plankton	Torbay	0,9
Nereis diversicolor	Mersey Estuary	ND
Mytilus edulis	Liverpool Bay	4 -11,9
	Firth of Forth	9
	Thames Estuary	8
Cerastoderma edule	Liverpool Bay	6 -11
Ostrea edulis	Thames Estuary	2
Buccinum undatum	Thames Estuary	ND
Crepidula fornicata	Thames Estuary	9

ND = nicht nachweisbar

8. AKKUMULATION

8.1 VORKOMMEN IN ORGANISMEN

LIT.

21

Fortsetzung Tabelle

Art	Herkunft	Konzentration $\mu g/kg$ (FG)
Cancer pagurus	Tees Bay	2,6
	Liverpool Bay	10-12
	Firth of Forth	15
Carcinus maenas	Firth of Forth	12
Eupagurus bernhardus	Firth of Forth	15
	Thames Estuary	5
Crangon crangon	Firth of Forth	16
Asterias rubens	Thames Estuary	5
Solaster sp.	Thames Estuary	2
Echinus esculentus	Thames Estuary	1

8. AKKUMULATION

8.1 VORKOMMEN IN ORGANISMEN

LIT.

21

Fortsetzung Tabelle

Art		Herkunft	Konzentration µg/kg (FG)
Meeresalgen:			
Enteromorpha compressa		Mersey Estuary	19-20
Ulva lactuca		Mersey Estuary	23
Fucus vesiculosus		Mersey Estuary	17-18
Fucus serratus		Mersey Estuary	22
Fucus spiralis		Mersey Estuary	16
Fische:			
Raja clavata	flesh	Liverpool Bay	0,8-5
	liver	Liverpool Bay	5-56
Pleuronectes platessa	flesh	Liverpool Bay	0,8-8
	liver	Liverpool Bay	16-20

8. AKKUMULATION

8.1 VORKOMMEN IN ORGANISMEN

Fortsetzung Tabelle

Art		Herkunft	Konzentration $\mu g/kg$ (FG)	LIT.
Platichthys flesus	flesh	Liverpool Bay	3	21
	liver	Liverpool Bay	2	
Limanda limanda	flesh	Liverpool Bay	3-5	
	liver	Liverpool Bay	12-21	
Scomber scombrus	flesh	Liverpool Bay	5	
	liver	Liverpool Bay	8	
Limanda limanda	flesh	Redcar, Yorks	4,6	
	flesh	Thames Estuary	2	
Pleuronectes platessa	flesh	Thames Estuary	3	
Solea solea	flesh	Thames Estuary	2	
	guts	Thames Estuary	11	

8. AKKUMULATION

8.1 VORKOMMEN IN ORGANISMEN

LIT. 21

Fortsetzung Tabelle:

Art		Herkunft	Konzentration $\mu g/kg$ (FG)
Aspitrigla cuculus	flesh	Thames Estuary	11
	guts	Thames Estuary	6
Trachurus trachurus	flesh	Thames Estuary	2
Trisopterus luscus	flesh	Thames Estuary	2
Squalus acanthias	flesh	Thames Estuary	3
Scomber scombrus	flesh	Torbay, Devon	2,1
Clupea sprattus	flesh	Torbay, Devon	3,4
Gadus morrhua	flesh	Torbay, Devon	0,8
	air bladder	Torbay, Devon	<0,1

8. AKKUMULATION

8.1 VORKOMMEN LIT.

Fortsetzung Tabelle:

Art		Herkunft	Konzentration $\mu g/kg$ (FG)
Meeres- und Süßwasservögel:			
Sula bassana	liver	Irish Sea	4,5-6
	eggs	Irish Sea	9-17
Phalacrocorax aristotelis	eggs	Irish Sea	2,4
Alca torda	eggs	Irish Sea	28-29
Uria aalge	eggs	Irish Sea	23-26
Rissa tridactyla	eggs	North Sea	33
Cygnus olor	liver	Frodsham Marsh (Merseyside)	2,1
	kidney		14

21

8. AKKUMULATION

8.1 VORKOMMEN

LIT.

21

Fortsetzung Tabelle:

Art		Herkunft	Konzentration $\mu g/kg$ (FG)
Gallinula chloropus	liver	(Merseyside)	6
	muscle	(Merseyside)	2,5
	eggs	(Merseyside)	6,2-7,8
Anas platyrhynchos	eggs	(Merseyside)	9,8-16
Säugetiere:			
Halichoerus grypus	blubber	Farne Is.	2,5-7,2
	liver	Farne Is.	3-6,2
Sorex araneus		Frodsham Marsh	2,6-7,8

8. AKKUMULATION

8.1 VORKOMMEN

				LIT.
Vorkommen im menschlichen Gewebe (Konz. in µg/kg Naßgewebe):				36

Alter der Person	Geschl.	Gewebeart	Konz.
76	w	Körperfett	32
		Niere	< 1
		Leber	5
		Gehirn	1
76	w	Körperfett	2
		Niere	3
		Leber	2
		Gehirn	< 1
82	w	Körperfett	1,4
		Leber	3,2
48	m	Körperfett	6,4
		Leber	3,5
65	m	Körperfett	3,4
		Leber	5,2
75	m	Körperfett	14,1
		Leber	5,8
66	m	Körperfett	4,6
74	w	Körperfett	4,9

m = männlich ; w = weiblich

Biomagnifikation (Nahrungskette):[1]
Fett (Mensch)   bis zu   32 ppb
                       $\hat{=}$ 32 µg/kg

43
104

[1] Aus der Sekundärliteratur geht nicht hervor, ob sich der Wert auf Naßgewicht oder Trockengewicht bezieht.

8. AKKUMULATION

8.2 SONSTIGES VORKOMMEN

	LIT.
Durchschnittskonzentrationen in Lebensmitteln (μg/kg Frischgewicht):[1]	44

Getränke (Milch, Limonade, Bier, Kaffee, Tee, etc.)	1,7
Bereich	<0,1 - 8
Feste Nahrungsmittel (Brot, Fleisch, Gemüse, etc.)	6,0
Bereich	<0,1 -64

Konzentrationen in Nahrungsmitteln (μg/kg): 36

Nahrungsmittel	Konz.
Molkereiprodukte	
Frischmilch	0,3
Frischkäse	3
Englische Butter	10
Hühnereier	0,6
Fleisch	
Englisches Rindfleisch (Steak)	16
Englisches Rindfleisch (Fett)	12
Schweineleber	22
Öle und Fette	
Margarine	6
Spanisches Olivenöl	9
Lebertran	19
Pflanzliches Speiseöl	7
Rizinusöl	ND

ND = nicht aufgefunden

[1] berechnet nach: Deutsche Ges.f.Ernährung 1976

8. AKKUMULATION

8.2 SONSTIGES VORKOMMEN

LIT. 36

Fortsetzung Tabelle

Nahrungsmittel	Konz. (μg/kg)
Getränke	
Fruchtsaft in Dosen	5
Helles Bier	0,7
Orangensaft in Dosen	ND
Instant-Kaffee	4
Tee (Päckchen)	60
Jugoslawischer Wein	0,02
Obst und Gemüse	
Kartoffeln (S. Wales)	ND
Kartoffeln (N.W. England)	3
Äpfel	5
Birnen	4
Tomaten[1]	1,7
Schwarze Trauben (importiert)	2,9
Frisches Brot	7

ND = nicht aufgefunden

Vergleich der in Nahrungsmitteln beobachteten Konzentrationen mit der erlaubten Gebrauchsdosis:

LIT. 36

Erlaubte Konz./Dosis	Max. gefundene Konz.
10 - 25 mg/kg (coffeinfreier Kaffee)[2]	60 μg/kg (Kaffee)

[1] Die Tomatenpflanzen wurden in einer urbar gemachten Lagune der Runcornwerke der ICI angebaut

[2] US Food and Drug Administration (1973) Food Chemical News Guide

8. AKKUMULATION

8.2 SONSTIGES VORKOMMEN

Vorkommen in der Atmosphäre:

		LIT.
Atmosphärische Konzentrationen (ppb) an verschiedenen Standorten Englands (berichtet 1975)		21
Runcorn Works perimeter	40 - 64 ppb	
Runcorn Heath	12 - 42 ppb	
Liverpool/Manchester suburban area	1 - 20 ppb	
Moel Faman, Flintshire	1 - 9 ppb	
Rannooch Moor, Argyllshire	2,5 - 8 ppb	
Forest of Dean, Monmouthshire[1]	5 ppb	
Frankfurt/M., Innenstadt (21.3.1974)	0,8 - 2,8 ppb	06 28
England, im Mittel	11 ppt	06 27
Westirland	15 ppt (Vol.)	29
USA, New Brunswick	< 0,5 ppb	06 31
Nordatlantik	< 5 ppt (Vol.)	29
Nordost-Atlantik, im Mittel	6 ng/m^3	06 27
Östlicher Atlantik	2,5 - 6,5 ng/m^3	06 26
Nachgewiesen in Los Angeles		06 30

[1] Einzelprobe

8. AKKUMULATION

8.2 SONSTIGES VORKOMMEN

	LIT.
Konzentrationen in Abwasserkanalluft des Industriegebietes einer mittelgroßen Stadt des Rhein-Main-Gebietes (ca. 30 000 Einwohner): Mittelwert (aus 5 Messungen) 650 $\mu g/m^3$	48

Konzentrationen in Bodenluft (verschiedene Standorte in der Bundesrepublik Deutschland, 1978-1980):[1]

Nachweisgrenze	Ubiquitäre Verbreitung	Umgebungsbereich Industrie- u. Gewerbegeb.	Boden- bzw. Grundwasserkontamination
0,5 $\mu g/m^3$	1-20 $\mu g/m^3$	20-200 $\mu g/m^3$	bis 6 600 $\mu g/m^3$

	LIT.
Meersediment (Liverpool Bay): Maximum 9,9 ppb	21

	LIT.
Kontamination der Luft durch Trichlorethylen (Bundesrepublik Deutschland): Stadtrand 3,5 $\mu g/m^3$ (Dahlem)[1] Industriegebiet 11,5 $\mu g/m^3$ (Berlin, Wasserwerk) Verkehrsreiche Zone 13,8 $\mu g/m^3$ (Steglitz Berlin) Reinluftgebiet 0 - 1,0 $\mu g/m^3$	66 98 99

[1] Berlin

---

[1] Analytik: gaschromatographisch durch direktes Einspritzen der Luft (10-100 μl), Kapillarsäule, ECD, Trägergas: aktivkohlegereinigter Stickstoff

8. AKKUMULATION

		LIT.
8.2	<u>SONSTIGES VORKOMMEN</u>	
	Beobachtete Konzentrationen in Luft über Japan im Sommer 1979 (ppt):	68

Probe-Nr.	Konzentration (ppt)
1	18
2	5
3	6
4	7
5	9
6	19
7	21
8	6
9	38
Durchschnitt	14

Rhein-Sediment[1] 3 - 300 µg/kg   17
(Nordrhein-Westfalen)

Konzentrationen in Klärschlämmen und Ruhrsedimenten (1972-1981):   58
Klärschlämme[2] = 16, 15, 46, 240, 120, 100 µg/l
Ruhrsedimente[3] = 2, 1, 3, 29 µg/l

---

[1] Nicht angegeben, ob es sich um FG oder TG handelt

[2] Konzentrationen bezogen auf Naßschlamm

[3] Konzentrationen bezogen auf Naßsediment

8. AKKUMULATION

8.2 SONSTIGES VORKOMMEN | LIT.

Konzentrationen in Flußsedimenten und Faulschlämmen von Kläranlagen (berichtet 1973):   23

Gewässerschlämme aus der Ruhr
- bei Meschede   4 $\mu g/l$
- bei Langschede   4 $\mu g/l$
- bei Mühlheim/Wasserbhf.   34 $\mu g/l$
- bei Mühlheim/Raffelberg   12 $\mu g/l$

Kläranlagen-Faulschlämme
1   4,0 mg/l
2   < 0,1 mg/l
3   < 0,1 mg/l

8. AKKUMULATION

8.2 SONSTIGES VORKOMMEN

LIT.

108

Wasser-Längsprofile Jan.-Sep. 81 und Sediment-Längsprofil 81 sowie Anreicherungsfaktoren im Sediment bezogen auf das Trocken- bzw. Feuchtgewicht in Abhängigkeit von dem Silt- und Ton-Anteil der Proben (Elbe):

MITTELWERTE

Abschnitt	Wasser		Sediment (Silt und Ton-Anteil %)					
			< 25 %		> 25 %		> 50 %	
	n	($\mu g/l$)	n	($\mu g/kg$)	n	($\mu g/kg$)	n	($\mu g/kg$)
bis Geesthacht	28	0,967	13	2,2	8	4,8	9	1,7
bis Wedel	52	0,700	11	1,6	9	6,9	6	5,2
bis Scharhörn	79	0,306	23	0,6	15	1,3	8	3,0

ANREICHERUNGSFAKTOREN

Abschnitt	Sediment (Silt und Ton-Anteil %)					
	< 25 %		> 25 %		> 50 %	
	tr.	f.	tr.	f.	tr.	f.
bis Geesthacht	2,3	1,6	4,9	2,1	1,8	0,6
bis Wedel	2,4	1,7	9,9	4,6	7,5	2,6
bis Scharhörn	2,0	1,6	4,2	2,6	9,8	5,7

tr. = trocken   f. = feucht

8. AKKUMULATION

8.2 SONSTIGES VORKOMMEN

LIT.

108

Wasser-Längsprofile Jan.-Sep. 81 und Sediment-Längsprofil 81 der Elbe sowie Anreicherungsfaktoren im Sediment bezogen auf das Trocken- bzw. Feuchtgewicht in Abhängigkeit von dem organischen Anteil (Glühverlust) der Proben:

MITTELWERTE

Abschnitt	Wasser		Sediment (Glühverlust-Anteil %)					
			< 5 %		> 5 %		> 10 %	
	n (μg/l)		n (μg/kg)		n (μg/kg)		n (μg/kg)	
bis Geesthacht	28	0,967	11	2,3	4	2,6	15	3,1
bis Wedel	52	0,700	11	1,3			15	6,5
bis Scharhörn	79	0,306	26	0,7	17	2,1	3	0,7

ANREICHERUNGSFAKTOREN

Abschnitt	Sediment (Glühverlust-Anteil %)					
	< 5 %		> 5 %		> 10 %	
	tr.	f.	tr.	f.	tr.	f.
bis Geesthacht	2,4	1,7	2,7	1,2	3,2	1,1
bis Wedel	1,9	1,3			9,3	3,2
bis Scharhörn	2,4	2,0	6,9	4,3	2,3	1,3

tr. = trocken   f. = feucht

9. KONZENTRATION IM WASSER

9.1   OBERFLÄCHENWASSER | LIT.

Bundesrepublik Deutschland

I. Einzugsgebiet der Elbe (1981)   19

Meßstellen (s. Karte Nr. I)	Kreis - Gemeinde	Datum	Konz. ng/l
53-083-5.2	Elk-Lauenburg	27.10.	x
62-060-5.3	Bille	3.11.	x
62-060-5.1	Bille Reinbek	27.10.	95
62-076-5.5	Alster	4.11.	156
56-039-5.1	Pinnau	9.11.	28
56-015-5.3	Krückau	9.11.	256
04-000-5.5	Schwale	9.11.	x
58-128-5.1	Stör Padenst.	15.10	106
61-049-5.5	Stör Kellingh.	10.11.	41
60-004-5.6	Schmalfelder Au	9.11.	x
61-034-5.1	Stör Heiligenst.	16.11.	49
61-062-5.1	Wilster Au	16.11.	47
58-148-5.4	NOK Schülp	2.11.	17
51-011-5.5	NOK Brunsb.	15.10.	124
51-011-5.7	Helser Fleet	15.10.	x
51-011-5.1	Braake	2.11.	33

x = nicht auswertbar (Verunreinigung)
1 ng/l ≙ 0,001 µg/l

9. KONZENTRATION IM WASSER

9.1 OBERFLÄCHENWASSER LIT.

Bundesrepublik Deutschland

II. Küstengewässer Nordsee (1981)   19

Meßstellen (s. Karte Nr.I)	Kreis - Gemeinde	Datum	Konz. ng/l
51-013-5.2	Piep Tonne 30	20. 1.	10
		29. 4.	n.n.
		24. 8.	5,2
		28.10.	23
54-113-5.1	Eider Tonne 15	20. 1.	n.n.
		12. 5.	80
		2. 9.	2,0
		12.11.	34
54-113-5.2	Außeneider	22. 1.	n.n.
		4. 5.	60
		2. 9.	20
		3.11.	35
54-103-5.2	Heverstrom	2. 2.	n.n.
		11. 5.	60
		31. 8.	3,4
		5.11.	16
54-103-5.1	Norderhever NH 11	2. 2.	n.n.
		11. 5.	80
		27. 8.	7,6
		5.11.	36
54-091-5.3	Holmer Fähre	9. 2.	n.n.
		11. 5.	45
		27. 8.	15
		9.11.	21

n.n. = nicht nachweisbar; 1 ng/l $\hat{=}$ 0,001 µg/l

9. KONZENTRATION IM WASSER

9.1 OBERFLÄCHENWASSER

II. <u>Küstengewässer Nordsee</u> (1981)

LIT.

19

Meßstellen (s. Karte Nr.II)	Kreis - Gemeinde	Datum	Konz. ng/l
54-074-5.1	Süderaue	29. 1.	40
		4. 5.	110
		26. 8.	17
		3.11.	12
54-164-5.4	Norderaue	29. 1.	n.n.
		7. 5.	65
		25. 8.	18
		3.11.	16
54-089-5.1	Vortrapp Tief	28. 1.	n.n.
		6. 5.	95
		31. 8.	4,9
		10.11.	12
54-078-5.2	Lister Tief	26. 1.	620
		5. 5.	85
		1. 9.	36
54-078-5.1	Römö Dyb	27. 1.	n.n.
		5. 5.	85
		1. 9.	27

n.n. = nicht nachweisbar
1 ng/l ≙ 0,001 µg/l

9. KONZENTRATION IM WASSER

9.1 OBERFLÄCHENWASSER

Bundesrepublik Deutschland

III. Einzugsgebiet der Nordsee; Eider (1981) LIT. 19

Meßstellen (s. Karte Nr.III)	Kreis - Gemeinde	Datum	Konz. ng/l
54-023-5.1	Nordfeld	10. 2.	n.n.
		20. 5.	60
54-096-5.3	Friedrichstadt	10. 2.	n.n.
		13. 5.	10
54-138-5.1	Tönning	10. 2.	n.n.
		20. 5.	55
59-058-5.1	Sorge	20. 5.	11
54-033-5.2	Treene	20. 5.	54
54-138-5.2	Norder-Bootfahrt	20. 5.	19
51-062-5.1	Speicher-Koog Süd	21.10.	x
51-074-5.3	Miele	21.10.	x
51-032-5.1	Dorlehnsbach	21.10.	17
51-074-5.4	Süderau	21.10.	x
51-074-8.1	Papierfabrik	21.10.	13
51-137-5.1	Nordstrom	21.10.	27
51-121-5.2	Warwerorter Koog	21.10.	16
51-137-5.3	Speicherkoog Nord	21.10.	20
59-058-5.1	Sorge	20.10.	32
54-023	Eider bei Nordfeld	5. 8.	5,4
		3.11.	35
59-116-5.2	Kielstau	24.11.	36

n.n. = nicht nachweisbar; 1 ng/l ≙ 0,001 µg/l
x = nicht auswertbar (Verunreinigung)

9. KONZENTRATION IM WASSER

9.1 OBERFLÄCHENWASSER

Bundesrepublik Deutschland

III. Einzugsgebiet der Nordsee; Eider (1981)

LIT.

19

Meßstellen (s. Karte Nr.III)	Kreis - Gemeinde	Datum	Konz. ng/l
59-092-5.1	Treene	28.10.	x
54-033-5.2	Treene	20.10.	x
51-096-5.3	Eider bei Friedrich-stadt	3. 9. 12.11.	4,9 31
54-138-5.1	Eider bei Tönning	5. 8. 3.11.	n.n. 41
51-105-5.1	Schülp Neuen-siel	20.10.	47
54-138-5.3	Süderboot-fahrt	20.10.	x
54-135-5.1	Everschopsiel	20.10.	n.n.
54-056-5.1	Husumer Mühlenau	20.10.	13
54-056-5.4	Sielzug	20.10.	x
54-091-5.1	Nordstrand	20.10.	19
54-091-5.2	Süderhaf. Nordstr.	20.10.	14
54-043-5.2	Arlau	19.10.	45
54-108-5.1	Rhin	19.10.	22
54-093-5.1	Lecker Au	19.10.	25
54-166-5.1	Alter Sielzug	19.10.	11
54-009-5.1	Schmale	19.10.	86

x = nicht auswertbar (Verunreinigung)
n.n. = nicht nachweisbar
1 ng/l ≙ 0,001 µg/l

9. KONZENTRATION IM WASSER

9.1 OBERFLÄCHENWASSER LIT.

Bundesrepublik Deutschland

IV. Küstengewässer Ostsee (1981) 19

Meßstellen (s. Karte Nr.IV)	Kreis - Gemeinde	Datum	Konz. ng/l
59-113-5.15	Höhe Glücksburg	16. 2.	n.n.
		2. 6.	70
59-178-5.3	Höhe Westerholz	16. 2.	200
		1. 6.	35
59-112-5.10	Geltinger Bucht	17. 2.	n.n.
		1. 6.	10
57-030-5.5	Hohwachter Bucht	24. 2.	30
		5. 6.	n.n.
55-021-5.5	Fehmarnsund	17. 2.	5
		4. 6.	5
55-010-5.5	Dahmeshöved	23. 2.	20
		3. 6.	n.n.
55-016-5.5	Walkyrien Grund	23. 2.	n.n.
		3. 6.	n.n.
55-005-5.6	Fehmarnbelt	23. 2.	n.n.
		2. 6.	n.n.

n.n. = nicht nachweisbar
1 ng/l ≙ 0,001 µg/l

9. KONZENTRATION IM WASSER

9.1 OBERFLÄCHENWASSER

V. Küstengewässer Schlei (1981)

Meßstellen (s. Karte Nr.V+ Va)	Kreis - Gemeinde	Datum	Konz. ng/l
59-075-5.1	Kleine Breite	21. 5.	n.n.
		16. 7.	4,3
59-016-5.1	Große Breite	21. 5.	n.n.
		16. 7.	4,8
59-094-5.1	Lindholm	21.5.	n.n.
		16.7.	0,3
59-022-5.1	Bienebek	21. 5.	n.n.
		16. 7.	38
59-045-5.1	Kappeln	21. 5.	5
		16. 7.	10

n.n. = nicht nachweisbar
1 ng/l ≙ 0,001 µg/l

LIT. 19

9. KONZENTRATION IM WASSER

9.1   OBERFLÄCHENWASSER   LIT.

Bundesrepublik Deutschland

VI. Einzugsgebiet der Ostsee; Trave (1981)   19

Meßstellen (s. Karte Nr.VI)	Kreis - Gemeinde	Datum	Konz. ng/l
62-010-5.1	Benstaben	25. 5.	100
03-000-5.29	Konstinkai	3. 6.	310
03-000-5.4	Schlutup	26. 5.	360
59-120-5.1	Krusau	2.12.	36
01-000-5.5	Mühlenstrom	2.12.	19
59-113-5.3	Schwennau	2.12.	26
02-000-5.7	Schwentine	5.11.	36
60-074-5.2	Trave Herrenm.	5.11.	23
62-004-5.16	Trave Sehmsd.	21.12.	44
62-061-5.1	Heilsau	5.11.	24
03-000-5.6	ELK Konstinkai	5.11.	8,9
03-000-5.29	Trave Konstinkai	3.12.	71
55-004-5.5	Schwartau	5.11.	18
03-000-5.4	Trave Schlutup	5.11.	x

x = nicht auswertbar (Verunreinigung)
1 ng/l ≙ 0,001 µg/l

9. KONZENTRATION IM WASSER

9.1 OBERFLÄCHENWASSER

LIT.

Bundesrepublik Deutschland

76

Konzentrationen in verschiedenen Gewässern der Bundesrepublik Deutschland (1976/77)

Nr.	Probe Gewässer	Ort	1976 N	Konzentration Min. (µg/l)	Max.	Mittelw.	1977 N	Konzentration Min. (µg/l)	Max.	Mittelw.
1	Bodensee	Sipplingen	6	0,1	0,1	0,1	3	0,1	0,1	0,1
2	Rhein	Stein a. R.	6	0,1	0,1	0,1	3	0,1	0,1	0,1
3		Weil	6	1,8	10,3	4,5	3	1,3	3,5	2,3
4		Karlsruhe	6	1,1	2,1	1,8	3	0,7	2,4	1,4
5		Altrip	6	0,9	2,5	1,7	3	0,9	3,1	1,7
6		Nierstein	7	0,8	4,8	2,1	3	0,8	2,4	1,5
7		Mainz (l)	-	-	-	-	6	0,1	2,7	0,9
8		Mainz (r)	-	-	-	-	6	0,1	2,4	0,9
9		Oberlahnst.	6	0,9	2,1	1,3	3	0,8	1,8	1,3
10		Braubach	23	0,3	1,9	1,4	-	-	-	-
11		Köln	6	0,9	1,9	1,2	3	0,7	0,7	0,7
12		Düsseldorf	5	0,9	31,6	8,7	3	0,5	1,4	0,8
13		Wittlaer	-	-	-	-	6	0,4	0,8	0,6

N = Probenzahl

9. KONZENTRATION IM WASSER

9.1 OBERFLÄCHENWASSER

Bundesrepublik Deutschland

Fortsetzung Tabelle

LIT. 76

Nr.	Probe Gewässer	Ort	1976 N	1976 Konzentration Min. (µg/l)	1976 Konzentration Max. (µg/l)	1976 Konzentration Mittelw. (µg/l)	1977 N	1977 Konzentration Min. (µg/l)	1977 Konzentration Max. (µg/l)	1977 Konzentration Mittelw. (µg/l)
14	Rhein	Krefeld	-	-	-	-	6	0,3	5,2	1,6
15		Duisburg	23	0,3	1,9	1,1	6	0,5	1,4	0,9
16		Wesel	-	-	-	-	4	0,1	2,0	0,8
17		Bimmen	5	0,5	2,5	1,1	5	0,4	1,4	0,9
18		Lobith	25	0,4	2,4	1,1	-	-	-	-
19	Neckar	Mannheim	3	-	-	-	1	-	-	0,2
20	Main	F-Niederr.	-	-	-	-	4	1,6	3,2	2,4
21		F-Hoechst	4	1,6	5,1	3,4	3	1,0	1,7	1,3
22		Kostheim	8	0,4	9,2	3,2	3	0,1	0,1	0,1
23	Mosel	Koblenz	23	0,1	0,5	0,1	-	-	-	-
24	Ruhr	Hengsen	9	0,4	6,2	1,7	7	0,1	5,9	1,9
25		Bochum	6	0,1	0,6	0,3	3	1,0	1,2	1,1

N = Probenzahl

Fortsetzung Tabelle

9. KONZENTRATION IM WASSER

9.1 OBERFLÄCHENWASSER

Bundesrepublik Deutschland

LIT.

76

	Probe			1976 Konzentration ($\mu g/l$)				1977 Konzentration ($\mu g/l$)			
Nr.	Gewässer	Ort	N	Min.	Max.	Mittelw.	N	Min.	Max.	Mittelw.
26	Ruhr	Essen	–	–	–	–	6	0,1	0,6	0,4
27		Duisburg	21	0,1	1,2	0,5	4	0,6	2,4	1,0
28	Emscher	Oberhaus.	5	1,8	3,1	2,7	–	–	–	–
29	Lippe	Flaesheim	4	0,1	0,2	0,1	–	–	–	–
30		Lippramsd.	4	0,3	5,3	2,7	–	–	–	–
31		Hervest	4	2,6	4,0	3,3	–	–	–	–
32		Gahlen	4	3,1	5,2	4,0	2	2,3	3,4	2,8
33		Wesel	10	0,1	2,6	1,4	15	0,1	14,1	4,8
34	Elbe	Lauenburg	3	3,3	3,6	3,5	–	–	–	–
35		Hamburg	–	–	–	–	6	0,7	3,9	2,1
36		Glückstadt	3	0,5	2,2	1,4	–	–	–	–
37	Weser	Dedesdorf	3	0,1	0,2	0,2	–	–	–	–
38	Ems	Leer	3	0,1	0,1	0,1	–	–	–	–
39	Donau	Ulm	3	0,2	0,8	0,5	–	–	–	–

N = Probenzahl

9. KONZENTRATION IM WASSER

9.1 OBERFLÄCHENWASSER LIT.

Bundesrepublik Deutschland

76

Fortsetzung Tabelle

Probe			1976 Konzentration ($\mu g/l$)				1977 Konzentration ($\mu g/l$)			
Nr.	Gewässer	Ort	N	Min.	Max.	Mittelw.	N	Min.	Max.	Mittelw.
40	Donau	Donauwörth	3	0,6	5,0	2,8	-	-	-	-
41		Regensburg	3	0,6	1,2	0,8	-	-	-	-
42		Passau	3	0,3	0,6	0,4	-	-	-	-
43	Iller	Ulm	3	0,1	0,3	0,2	-	-	-	-
44	Lech	Rain	3	1,0	1,8	1,4	-	-	-	-
45	Isar	Plattling	3	0,6	0,7	0,7	-	-	-	-
46	Inn	Passau	3	2,8	4,7	3,5	-	-	-	-
47	Talsperren	Grane	-	-	-	-	4	0,1	0,1	0,1
48		Ennepe	7	0,1	0,1	0,1	-	-	-	-
49		Wahnbach	-	-	-	-	6	0,1	0,1	0,1

N = Probenzahl

9. KONZENTRATION IM WASSER

9.1 OBERFLÄCHENWASSER

Bundesrepublik Deutschland

		LIT.
Rhein (Nordrhein-Westfalen)	0,3 - 10 µg/l	17
Nebenflüsse des Rheins (Nordrhein-Westfalen)	0,1 - 10 µg/l	
Rhein (zwischen Düsseldorf und Duisburg)	5,4 - 6,2 µg/l	16

Konzentrationen im Rhein: 67

Strom-km	ungefähre Lage	Konz. (µg/l)
680	vor dem Ruhrgebiet	~ 0,4
735	etwa Düsseldorf	1,6
767		6,2
775		0,7

Rhein bei Lobith (April - Dez. 1976):[1]   72

Mittelwert	1,14 µg/l
Minimum	0,35 µg/l
Maximum	2,43 µg/l

Main bei Kostheim (Jan.- Dez. 1976):[2]

Mittelwert	3,20 µg/l
Minimum	0,78 µg/l
Maximum	9,22 µg/l

[1] Probenzahl = 19   [2] Probenzahl = 6

9. KONZENTRATION IM WASSER

9.1 OBERFLÄCHENWASSER

Bundesrepublik Deutschland

Ruhr bei Duisburg (März - Dez. 1976):[1]

Mittelwert	0,45 µg/l
Minimum	0,005 µg/l
Maximum	1,16 µg/l

LIT. 72

Konzentrationen in 38 Bächen (Bundesrepublik Deutschland, 1978 - 1979):

Anzahl der Wasserproben	Einzugsbereich	Mittel (µg/l)	Min.	Max.
65	Taunus	0,9	<0,1	3,7
28	Vogelsberg	0,7	<0,1	2,3
47	Spessart	0,8	<0,1	2,4
28	Odenwald	0,2	<0,1	0,9

48

Gewässer der Bundesrepublik Deutschland (1978):

ca. 3,6 µg/l

16

Ruhr- und Rheinwasser (berichtet 1973):

Ruhr/Mülheim	0,7 µg/l
Ruhr/Mülheim	0,7 µg/l
Rhein/Duisburg	0,9 µg/l

23

[1] Probenzahl = 15

9. KONZENTRATION IM WASSER

		LIT.
9.1	<u>OBERFLÄCHENWASSER</u>	
	Bundesrepublik Deutschland	
	Rhein-Oberlauf	66
	- Bodensee 0,4 µg/l	
	- ab Basel 3,1 µg/l	
	Rhein-Mittellauf	
	- etwa Mainz 0,7 µg/l	
	- etwa Koblenz 1,0 µg/l	
	Rhein-Unterlauf	
	- etwa Düsseldorf 0,8 µg/l	
	- etwa Duisburg 0,7 - 0,8 µg/l	
	- Grenze Holland 1,5 µg/l	
	Rhein-Nebenflüsse	
	Main 2,4 µg/l	
	Ruhr 2,0 µg/l	
	Neckar 0,7 µg/l	
	Sonstige Flüsse in der Bundesrep. Deutschland:	
	Donau 0,7 µg/l	

9. KONZENTRATION IM WASSER

9.1 OBERFLÄCHENWASSER

Bundesrepublik Deutschland

LIT.

59

Rhein
- Hoenningen   1   - 1,5 µg/l
- Luelsdorf   2   - 2,5 µg/l
- Wesseling   1,5 - 2   µg/l

Salzach
- Marienberg   0,4 - 2,1   µg/l
- Überackern   25   - 73,9 µg/l

Isar
- Flußquelle   0,02 - 0,03 µg/l
- München   0,2 - 0,6   µg/l
- stromabwärts   2,5 - 3,2   µg/l
  von München
- Starnberger   0,13 - 0,15 µg/l
  See
- Lerchenauer   3,2 - 8,5   µg/l
  See

9. KONZENTRATION IM WASSER

9.1   OBERFLÄCHENWASSER   LIT.

Bundesrepublik Deutschland

Nachgewiesene Konzentrationen und Frachten im   108
Elbwasser bei Schnackenburg (1981 - 1982):

Nachweisgrenze   0,001   µg/l
Anzahl der Meßwerte   28

Konzentrationen in µg/l

Minimum   0,080
Mittelwert   2,0
Maximum   8,8

Fracht in kg/Tag

Minimum   11
Mittelwert   160
Maximum   910

Jahresfracht   60   t/Jahr

Konzentrationen an verschiedenen Entnahmestellen
der Elbe siehe Abb. 4

9. KONZENTRATION IM WASSER

9.1 OBERFLÄCHENWASSER

Bundesrepublik Deutschland/Europ. Länder

Konzentrationen an verschiedenen Stellen des Ober- und Niederrheins (1979/80):

Entnahmestelle	geometrischer Mittelwert ($\mu g/l$)	Standardabweichung ($\mu g/l$)
Pratteln (oberhalb Basel)	0,7	1,8
Basel-Birsfelden	0,9	1,8
Karlsruhe-Maxau	0,6	1,6
Köln	0,6	4,4

[LIT. 71]

Rhein, Rohwasser (berichtet 1977):
- Basel   0,9 mg/m^3
- Köln   0,8 mg/m^3
- Duisburg   0,6 mg/m^3

[LIT. 60]

Rhein
- Ochten (Nov. 1971)   25 $\mu g/l$
- Nordrhein-Westfalen   0,3 - 10 $\mu g/l$
- Basel[1] (Jahresmittel 1977)   0,70 $\mu g/l$
- Köln[1] (Mittelwerte Nov.1978 bis Juli 1979, monatl.Anal.)   0,48 $\mu g/l$
- Duisburg[1] (Jahresmittel 1977)   0,33 $\mu g/l$

Donau
- Leipheim[1] (Jahresmittel 1977)   0,16 $\mu g/l$
- Passau[1] (Jahresmittel 1977)   0,89 $\mu g/l$
- Wien (Mittelwerte Nov.1978 bis Juli 1979, monatl.Anal.)   0,60 $\mu g/l$

[LIT. 57]

[1] Forschungsvorhaben Wasser II/A/77 (Bundesrepublik D.)

9. KONZENTRATION IM WASSER

9.1 OBERFLÄCHENWASSER

Europäische Länder

		LIT.
Konzentrationen in verschiedenen Wasserproben (Zürichsee und Gebiet um Zürich, Okt. 1973):		24
- Seeoberfläche	38 ng/l ≙ 0,038 µg/l	
- See (30 m Tiefe)	65 ng/l ≙ 0,065 µg/l	
- Quellwasser	5 ng/l ≙ 0,005 µg/l	

Konzentrationen in Gewässern verschiedener Europäischer Länder (berichtet 1977): [59]

Niederlande

Twente Canal Hengelo	0,26 µg/l
Twente Canal Delden	< 0,2 µg/l
Eems	11,0 µg/l
Oostfriese Gaatje (South)	7,5 µg/l
Oostfriese Gaatje (North)	0,7 µg/l
Ranselgat	0,2 µg/l
Huibertgat	< 0,2 µg/l

Frankreich

Durance
- Pont Oraison	6 - 25 µg/l
- Ste Tulle	< 3 - 9 µg/l

Glatt/Schweiz nachgewiesen [06, 83, 84]

England

Liverpool Bay (Meerwasser) [21]
Durchschnittswert	0,3 µg/l
Maximum	3,6 µg/l

9. KONZENTRATION IM WASSER

9.1 OBERFLÄCHENWASSER | LIT.

Europäische Länder

Trichlorethylen in Hochland-Staubecken Englands, 1974 : | 85

3. 11. 1974   Wetter: trocken, wolkig

Rivington Reservoir	$0{,}1 \times 10^{-9}$ w/w
	$\hat{=}\ 0{,}1\ \mu g/l$
Blackstone Edge Reservoir	$< 0{,}1 \times 10^{-9}$ w/w
	$< \hat{=}\ 0{,}1\ \mu g/l$
Delph Reservoir	$< 0{,}1 \times 10^{-9}$ w/w
	$< \hat{=}\ 0{,}1\ \mu g/l$

13. 11. 1974   Wetter: langer, heftiger Regen

Rivington Reservoir	9×10^{-9} w/w
	$\hat{=}\ 9\ \mu g/l$
Blackstone Edge Reservoir	14×10^{-9} w/w
	$\hat{=}\ 14\ \mu g/l$
Belmont Reservoir	10×10^{-9} w/w
	$\hat{=}\ 10\ \mu g/l$
Hollingworth Lake	4×10^{-9} w/w
	$\hat{=}\ 4\ \mu g/l$

9. KONZENTRATION IM WASSER

9.1 OBERFLÄCHENWASSER

Andere Länder

		LIT.
Mississippi, nachgewiesen		25
Östlicher Atlantik	0,5 - 18,5 ng/l $\hat{=}$ 0,0005 - 0,0185 µg/l	06 26
Nordost-Atlantik, im Mittel	7 ppt $\hat{=}$ 0,007 µg/l	06 27
Japan (1974)	5 ppb $\hat{=}$ 5 µg/l	43 106
Japan (1975)	0,3 - 12 ppb $\hat{=}$ 0,3 - 12 µg/l	43 106

9. KONZENTRATION IM WASSER

9.2 ABWASSER

LIT.

Trichlorethylengehalte in Abwässern des Frankfurter Flughafens (s. Abb. 3):

13

Datum	Konz. (mg/l)	Ort/Bemerkungen
1.6.78	3,4	Demulgator
1.6.78	6,3	südlich Demulgator
1.6.78	620	Tor 22, nur Nord-Süd-Verlauf des Kanals
1.6.78	1,6	Nord-West-Ecke Halle 3
1.6.78	13	Süd-Ost-Ecke Halle 5
1.6.78	1,3	nord-östlich Halle 3
8.6.78	6,5	südlich Parkhaus
8.6.78	3,9	Tor 22, nur Kanal vom Parkhaus
8.6.78	6,1	südlich Tor 22
8.6.78	2 000	Süd-Ost-Ecke Halle 5, untere Phase
8.6.78	4,8	Nord-Ost-Ecke Halle 3, nur Ostkanal d.H.
8.6.78	6,2	Nord-Ost-Ecke Halle 3, nur Nordkanal d.H.
8.6.78	4,0	östlich Halle 5
8.6.78	-	nord-westlich Halle 5
8.6.78	4,9	nord-westlich Halle 5
8.6.78	1,5	Probe 10 nur obere wäßrige Phase
11.4.78	2,1	Flugzeugwaschwasser
9.5.78	1,3	Flugzeugwaschwasser
9.5.78	0,048	Demulgatorleitung von Frachthof 3
23.5.78	1,5	Demulgator

9. KONZENTRATION IM WASSER

9.2　ABWASSER　　　　　　　　　　　　　　　　　　　　　LIT.

Fortsetzung Tabelle(s. Abb. 3):　　　　　　　　　　　13

Datum	Konz. (mg/l)	Ort/Bemerkungen
9.5.78	0,033	aus Regenwasserkanal Flughafen
9.5.78	0,028	Regenwasser aus dem Flughafenbereich
23.6.78	-	Regenwasser, Frankfurt Kennedyallee

9. KONZENTRATION IM WASSER

9.2 ABWASSER

LIT.

Konzentrationen in Zu- und Abläufen von Kläranlagen des Ruhrverbandes (1975 - 1978):

58

Nr.	Kläranlagen	Konzentrationen (μg/l)
1	Zulauf	2,0
	Ablauf	0,5
2	Zulauf	1,0
	Ablauf	0,2
3	Zulauf	9
	Ablauf	<0,1
4	Zulauf	11
	Ablauf	0,4
5	Zulauf	5
	Ablauf	2
6	Zulauf	4
	Ablauf	2
7	Zulauf	30
	Ablauf	1

Konzentrationen in Kläranlagenwasser, USA (berichtet 1974):

63

Einlauf vor der Behandlung   40,4 μg/l
Ablauf vor Chlorung   8,6 μg/l
Ablauf nach Chlorung   9,8 μg/l

9. KONZENTRATION IM WASSER

9.2 ABWASSER | LIT.

Industrielle Abwässer 0,01 - 2 000 µg/l 17
(Nordrhein-Westfalen)

Kommunale Kläranlagenabläufe 0,1 - 50 µg/l
(Nordrhein-Westfalen)

Konzentrationen in Abläufen verschiedener Gewerbebetriebe, Bundesrepublik Deutschland (berichtet 1982): 58

Betriebe Nr.	Konz. µg/l
1	6 000
2	50
3	240
4	3
5	50
6	8
7	1
8	17
9	80
10	220

9. KONZENTRATION IM WASSER

9.3 REGENWASSER

	LIT.
Vorkommen in Industriegebieten (Bundesrepublik Deutschland): 0,2 µg/l (max.). Schneeproben aus der gesamten Bundesrepublik enthielten Konzentrationen, die denen des Regenwassers entsprachen (ubiquitäres Vorkommen).	66

Konzentrationsentwicklungen im Niederschlagswasser über ein Niederschlagsereignis (µg/l): [48]

Zeit	Rhein-Main-Flughafen (Sept. 1979)	Frankfurt Stadtgeb. (Juli 1979)	Schwarzwald östl. Freibg. (Sept. 1979)
1. Stunde	13	1	3
2. Stunde	2	0,1	0,2
3. Stunde	<0,1	<0,1	<0,1
4. Stunde	<0,1		

Japan (1974)   < 5 ppb $\hat{=}$ < 5 µg/l   [43, 106]

Japan (1975)   0,2 - 1 ppb $\hat{=}$ 0,2 - 1 µg/l

9. KONZENTRATION IM WASSER

9.4   GRUNDWASSER

Bundesrepublik Deutschland

Trichlorethylengehalte in Grundwässern des Umgebungsbereiches Pumpwerk Hinkelstein (Frankfurt): (s. Abb. 1)

LIT.

13

Datum	Brunnen	Probenahme	Konz. (μg/l)
29.3.78	Br. 388	gepumpt	0,3
29.3.78	Br. 387	gepumpt	0,9
29.3.78	Br. 386	gepumpt	6,9
29.3.78	Br. 58 n	gepumpt	8,2
29.3.78	Versick.	geschöpft	0,6
6.4.78	Br. 388	gepumpt	0,4
6.4.78	Br. 387	gepumpt	0,4
6.4.78	Br. 386	gepumpt	7,0
6.4.78	Br. 58 n	geschöpft	6,5
6.4.78	Br. 371	gepumpt	0,8
6.4.78	Br. 370	geschöpft	2,2
6.4.78	Br. 369	geschöpft	11,7
6.4.78	Br. 325	geschöpft	9,4
6.4.78	Br. 326	geschöpft	3,1
6.4.78	Br. 327	geschöpft	0,6
6.4.78	Br. 415	geschöpft	3,5
6.4.78	Br. 416	geschöpft	14,5
6.4.78	Br. 417	geschöpft	31
6.4.78	Br. 420	geschöpft	9,2
11.4.78	Br. 416	gepumpt	51
11.4.78	Br. 414	geschöpft	2,5
11.4.78	Br. 419	gepumpt	1,3
11.4.78	Br. 422	geschöpft	4,1
11.4.78	Br. 368	geschöpft	2,1
11.4.78	Br. 418	gepumpt	1,4
11.4.78	Br. 331	geschöpft	1,2
11.4.78	Br. 330	geschöpft	3,3

9. KONZENTRATION IM WASSER

9.4 GRUNDWASSER LIT.

Bundesrepublik Deutschland

Fortsetzung Tabelle (s. Abb. 1) 13

Datum	Brunnen	Probenahme	Konz. ($\mu g/l$)
11.4.78	Br. 369	geschöpft	11,4
11.4.78	Br. 415	geschöpft	6,9
11.4.78	Br. 417	gepumpt	81
11.4.78	Br. 367	geschöpft	76
11.4.78	Br. 24	geschöpft	0,5
11.4.78	Br. 420	gepumpt	19,8
11.4.78	Br. 421	gepumpt	159
11.4.78	Förder 1	gepumpt	112 (92)^2
11.4.78	Förder 2	gepumpt	1,2
11.4.78	Br. 329	geschöpft	3,4
26.4.78	Förder 1	gepumpt	101
26.4.78	Förder 2	gepumpt	1,4

Konzentrationen in Grundwässern der Gemarkung Kelsterbach: 13

Datum	Brunnen gepumpt	Konz ($\mu g/l$)
23.5.78	Br. Kelsterbach Schule	0,4
23.5.78	Br. Kelsterbach Südpark	0,4
23.5.78	Br. 3 Kelsterb. Sportpark	0,4

---

[1] Br. = Grundwassermeßstelle
Förder. = Förderbrunnen
Versick. = Versickerung von Oberflächenwasser zum Zwecke der Grundwasseranreicherung

[2] Wiederholungsmessung

9. KONZENTRATION IM WASSER

9.4 GRUNDWASSER | LIT.

Bundesrepublik Deutschland

Trichlorethylengehalte in Grundwässern des Frankfurter Flughafenbereiches:[1] (s. Abb. 2) — 13

Datum	Brunnen	Probenahme	Konz. (μg/l)
20.3.78	Br. 4, Hahn unten	gepumpt	20,7
20.3.78	Br. 7, Keller	geschöpft	4,2
20.3.78	Br. 8	geschöpft	14,4
20.3.78	Br. 10	geschöpft	1,1
20.3.78	Br. 4, Kessel	geschöpft	2,6
11.4.78	Br. 4, Kessel	gepumpt	19,0
11.4.78	Br. 7	gepumpt	4,4
11.4.78	Br. 8	gepumpt	15,8
11.4.78	Br. 10	gepumpt	1,3
11.4.78	Br. 5 bei Tanks	geschöpft	1,5
11.4.78	Br. 19 bei Tanks	geschöpft	4,6
23.5.78	Br. A2, Straße	geschöpft	6,1
23.5.78	Br. B 46	geschöpft	0,9
23.5.78	Br. 1	geschöpft	1,6
23.5.78	Br. 3	geschöpft	5,0
23.5.78	Br. 2	geschöpft	1,3
23.5.78	Br. B 40	geschöpft	0,7

[1] Br. = Grundwassermeßstelle

9. KONZENTRATION IM WASSER

		LIT.
9.4	GRUNDWASSER	
	Bundesrepublik Deutschland	
	Konzentrationen in flachen Grundwasserleitern in den Bereichen Mörfelden, Walldorf, Langen und Dreieich (Probenahmen Juli bis September 1980): Mittelwert 17,8 µg/l (aus 32 Grundwasserproben) lokaler Spitzenwert 117 µg/l	48
	Uferfiltrat 0,3 - 2 µg/l (Nordrhein-Westfalen)	17

9. KONZENTRATION IM WASSER

9.4 GRUNDWASSER

Europäische Länder

Schweiz, Gebiet um Zürich (Okt. 1973)   80 ng/l $\hat{=}$ 0,08 µg/l   [24]

Konzentrationen im Grundwasser von Züricher Industrie-Gebieten:[1]   [41]

Name	Typ	Konz. (µg/l)
Tüffenwies	S	0,13
Löwenbräu[2]	S	
Kaufmänn. Verein[2]	S	
Schütze	S	0,59
Rohr 19	M	0,63
Steinfels	S	0,62
Wohlfahrtshaus	S	0,14
Zivilschutz	S	0,64
Garage	S	1,75
Rohr 18	M	0,16
Rohr 17	M	0,17
Spedition	S	0,13
Forschung	S	1,92
Wassertank	S	1,71
MVA	S	1,84
Kesselhaus	S	0,57
Rohr 16	M	1,17
Lagerhaus	S	0,29

S = Wasserversorgungsbrunnen ("Water Supply Well")
M = Kontrollbrunnen ("Monitoring Well")

[1] Proben wurden am 15.2.1977 gesammelt, ausgenommen Tüffenwies am 4. - 11. 7. 1977

[2] Konzentrationen lagen unterhalb der Bestimmungsgrenze (0,02 µg/l)

9. KONZENTRATION IM WASSER

9.4 GRUNDWASSER LIT.

Andere Länder

Konzentrationen im Grundwasser des Staates New Jersey ($\mu g/l$) (berichtet 1981):[1]

49

% positiv	<1,0	1 - 10	10 - 100	>100
73	337	41	15	4

---

[1] Angaben aus: United States Environmental Protection Agency. 1980. Planning Workshops to Develop Recommendations for a Ground Water Protection Strategy. Appendices. Washington, D.C.

9. KONZENTRATION IM WASSER

9.5 **TRINKWASSER**

Bundesrepublik Deutschland

Konzentrationen im Frankfurter Trinkwasser (7.9.1977 - 9.11.1977):

Zahl der Messungen	Mittel (μg/l)	Standard-abweichung.	Minimum (μg/l)	Maximum (μg/l)
16	3,3	2,0	1,3	7,8

LIT. 48

Bundesrepublik Deutschland, 50 Städte:[1]
Mittelwert   0,6 μg/l
Bereich   < 0,08 - 82 μg/l

LIT. 44, 45

---

[1] Verwendung von Grundwasser: etwa 20 Städte
Verwendung von Oberflächenwasser (insbes. Uferfiltrat): etwa 30 Städte

9. KONZENTRATION IM WASSER

9.5 TRINKWASSER

Bundesrepublik Deutschland

Konzentrationen in Trinkwässern des Rhein-Main-Gebietes (berichtet 1981):

LIT. 49

Herkunft	Proben Anzahl	Mittel	Min. ($\mu g/l$)	Max.
Wiesbaden	4	0,1	nn	0,2
Ried	38	0,4	nn	5,5
Einzelversorgungen (Odenwald/Ried)	7	0,7	0,4	1,1
Flachbrunnen (Ried)	8	0,6	0,2	2,6
Odenwald	6	0,6	0,2	1,1
Frankfurt	21	1,1	nn	3,8
Mannheim	6	1,6	0,3	7,1
Taunus	16	2,5	nn	9,5
Rödermark	9	3,7	nn	14,2
Flußwasserant.	7	2,5	0,2	8,0

nn = nicht nachweisbar

9. KONZENTRATION IM WASSER

9.5 TRINKWASSER | LIT.

Bundesrepublik Deutschland

Konzentrationen im Trinkwasser der WaBoLu (Außenstelle Frankfurt:[1] — 13

Nr.	Datum/Uhrzeit	Konz. ($\mu g/l$)	Förder- br. 1
1	12.12.77	1,8	-
2	4. 1.78	2,2	-
3	27. 1.78	1,4	-
4	30. 1.78/ 8.00	1,9	-
5	30. 1.78/14.15	1,7	-
6	8. 2.78	1,1	-
7	14. 2.78	0,7	-
8	20. 2.78/ 8.00	1,2	-
9	20. 2.78/10.00	1,1	-
10	20. 2.78/14.30	1,2	-
11	20. 2.78/16.45	1,3	-
12	24. 2.78/10.00	1,1	-
13	24. 2.78/12.15	1,1	-
14	30. 3.78	0,7	-
15	6. 4.78	2,2	-
16	11. 4.78/11.15	0,5	in Betrieb
17	11. 4.78/15.15	1,4	in Betrieb
18	12. 4.78/10.00	3,2	in Betrieb
19	12. 4.78/13.00	2,1	in Betrieb
20	11. 4.78 (Förder.)[2]	71,3	in **Betrieb**
21	12. 4.78 (Teilk.)[3]	2,4	in Betrieb
22	12. 4.78 (Hinkel.)[4]	6,9	in Betrieb
23	13. 4.78/10.30	3,7	in Betrieb
24	14. 4.78/13.30	4,7	in Betrieb
25	18. 4.78	1,2	-
26	21. 4.78	0,5	-

9. KONZENTRATION IM WASSER

9.5	TRINKWASSER		LIT.
	Bundesrepublik Deutschland		
	Fortsetzung Tabelle		13

Nr.	Datum/Uhrzeit	Konz. (μg/l)	Förder- br. 1
27	25. 4.78	0,8	-
30	27. 4.78	0,9	-
31	9. 5.78	1,1	-
32	10. 5.78	0,8	-
33	12. 5.78	1,8	-
34	26. 5.78	0,5	-
35	31. 5.78	2,7	-
36	1. 6.78/ 8.00	0,8	-
37	1. 6.78/10.00	0,9	-
38	1. 6.78/13.30	0,8	-
39	1. 6.78/15.00	0,6	-
40	6. 6.78	0,5	-
41	7. 6.78	1,3	-
42	12. 6.78	1,8	-
43	22. 6.78	0,7	-
44	23. 6.78	0,7	-

[1] 20 : Grundwasser; 21 : Trinkwasser Teilkastenschacht; 22 : Reinwasser.
[2] Förder. = Förderbrunnen 1 des Pumpwerkes Hinkelstein.
[3] Teilk. = Teilkastenschacht
[4] Hinkel. = Pumpwerk Hinkelsten (Reinwasser am Auslaß)

9. KONZENTRATION IM WASSER

9.5 **TRINKWASSER**

Europäische Länder

		LIT.
Leitungswasser Schweiz, Gebiet um Zürich (Okt.1973) ≙	105 ng/l 0,105 µg/l	24

9. KONZENTRATION IM WASSER

9.5	TRINKWASSER		LIT.
	Andere Länder		
	Vorkommen in aufbereitetem Wasser, USA (% Häufigkeit) (berichtet 1981):[1] - aus Oberflächenwasser 15,5 - aus Grundwasser 16,4		49
	Leitungswasser (Tokorosawa, Japan) (Dezember 1976)	0,9 ppb $\hat{=}$ 0,9 μg/l	96
	Leitungswasser (Tsuchiura, Japan) (Dezember 1976)	0,7 ppb $\hat{=}$ 0,7 μg/l	
	Cincinnati, USA Miami, USA Ottumwa, USA Philadelphia, USA	0,1 μg/l 0,3 μg/l < 0,1 μg/l 0,5 μg/l	105

[1] Angaben aus: United States Environmental Protection Agency. 1980. Planning Workshops to Develop Recommendations for a Ground Water Protection Strategy. Appendices. Washington, D.C.

10. ABFALL

LIT.

D-101

Schleswig-Holstein
Gewässerüberwachung
1.2 Lage der Meßstellen im Einzugsgebiet der Elbe

Quelle: Lit. 19

Karte I

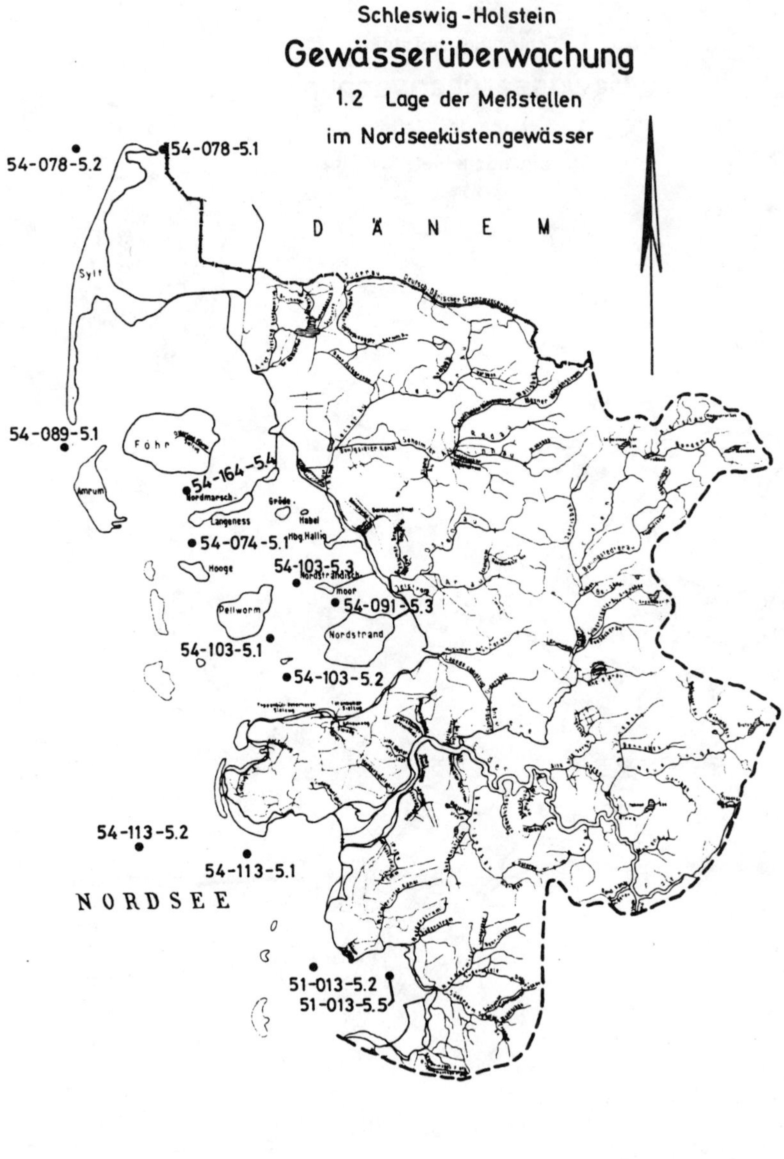

D-102

Schleswig-Holstein
Gewässerüberwachung
1.2 Lage der Meßstellen im Nordseeküstengewässer

54-078-5.2
54-078-5.1

D Ä N E M

Sylt

54-089-5.1

Föhr

54-164-5.4

Amrum

Nordmarsch Gröde
Langeness Habel

54-074-5.1 Hog Hallig

Hooge

54-103-5.3

Pellworm

54-091-5.3

54-103-5.1

Nordstrand

54-103-5.2

54-113-5.2

54-113-5.1

NORDSEE

51-013-5.2
51-013-5.5

Quelle: Lit. 19

Karte II

D-103

Schleswig-Holstein
Gewässerüberwachung
1.2 Lage der Meßstellen
im Einzugsgebiet der Nordsee

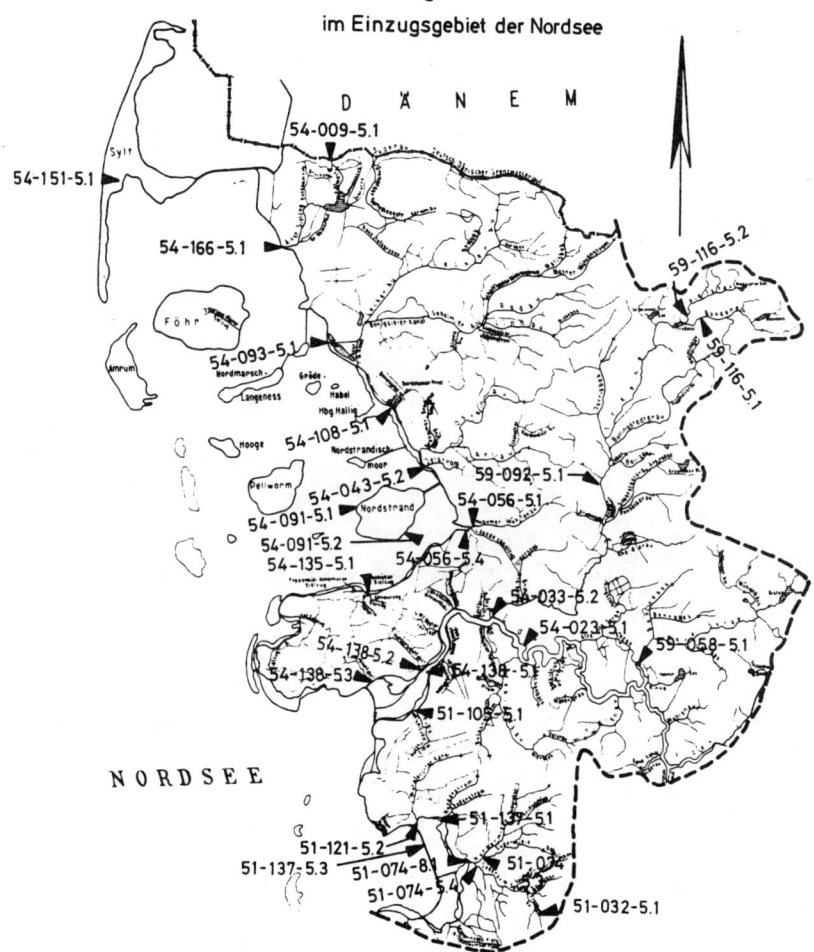

Quelle: Lit. 19

Karte III

D-104

Schleswig-Holstein
Gewässerüberwachung
1.2 Lage der Meßstellen
im Ostseeküstengewässer

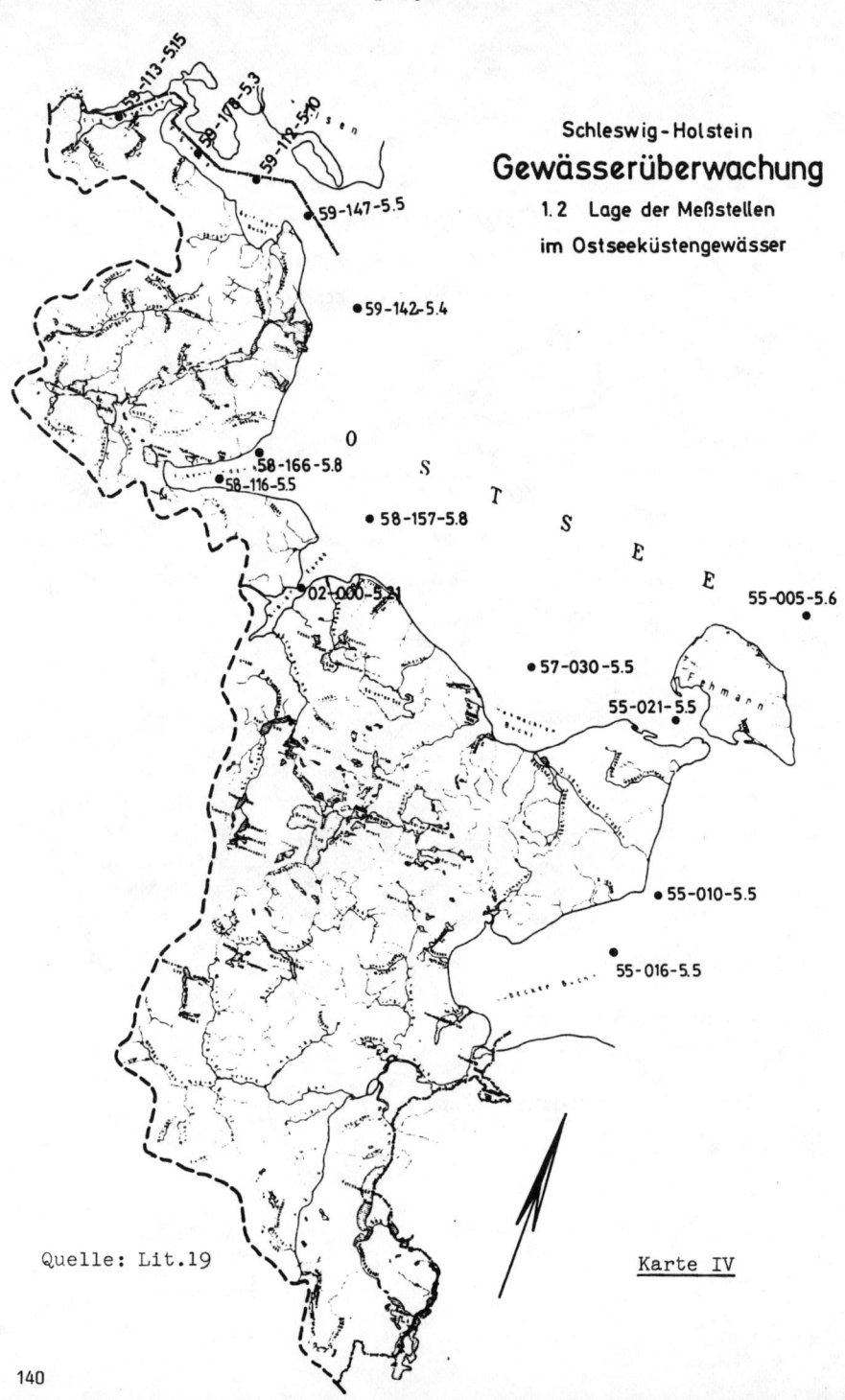

Meßstellen:
- 59-113-5.15
- 58-178-5.3
- 59-112-5.70
- 59-147-5.5
- 59-142-5.4
- 58-166-5.8
- 58-116-5.5
- 58-157-5.8
- 02-000-5.21
- 55-005-5.6
- 57-030-5.5
- 55-021-5.5
- 55-010-5.5
- 55-016-5.5

OSTSEE

Quelle: Lit.19

Karte IV

140

D-105

Schleswig-Holstein
Gewässerüberwachung
1.2 Lage der Meßstellen
Einzugsgebiet der Ostsee
- Schlei -

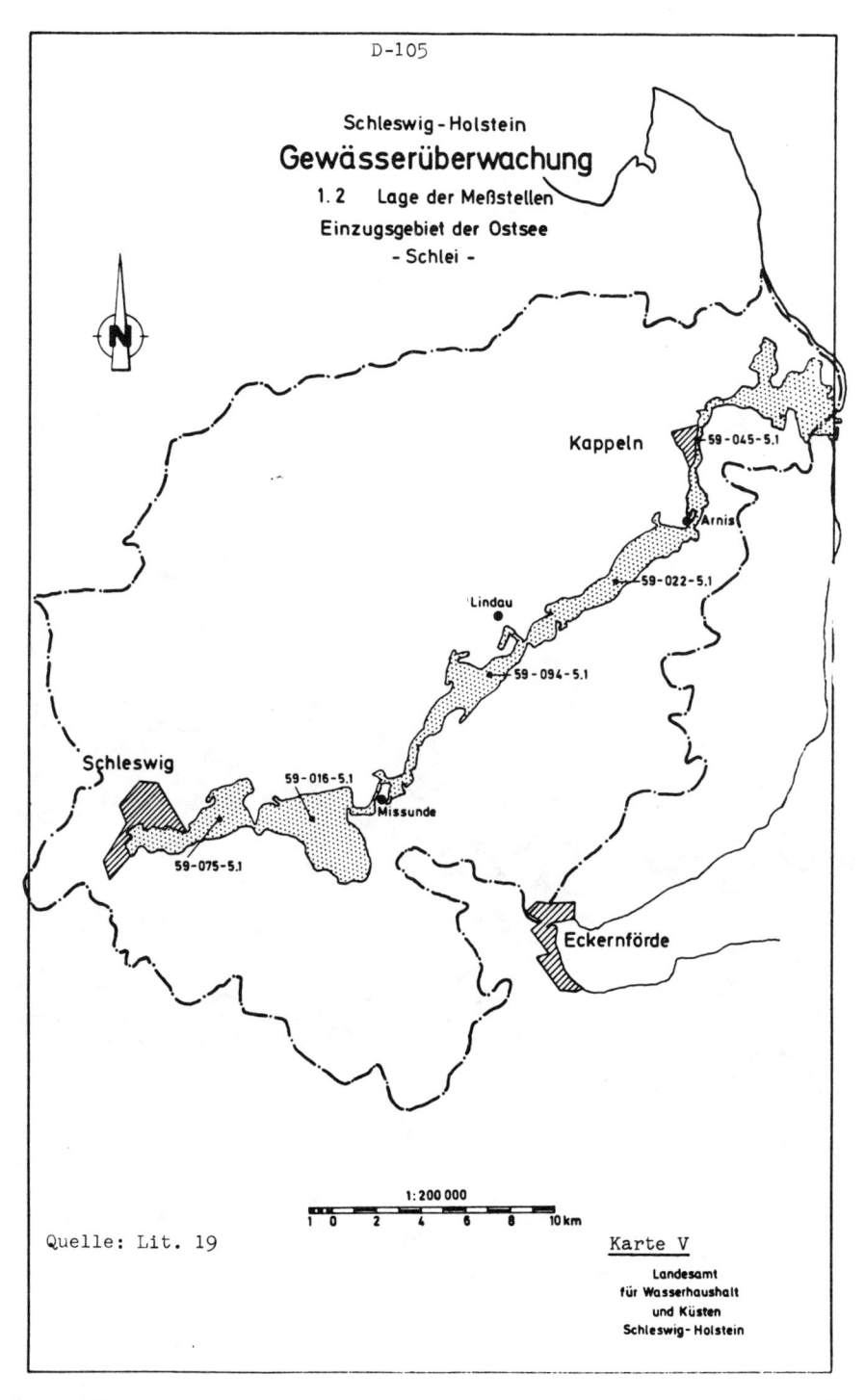

Quelle: Lit. 19

1:200 000

Karte V

Landesamt
für Wasserhaushalt
und Küsten
Schleswig-Holstein

Schleswig-Holstein
Gewässerüberwachung
1.2 Lage der Meßstellen
Einzugsgebiet der Ostsee
- Schlei -

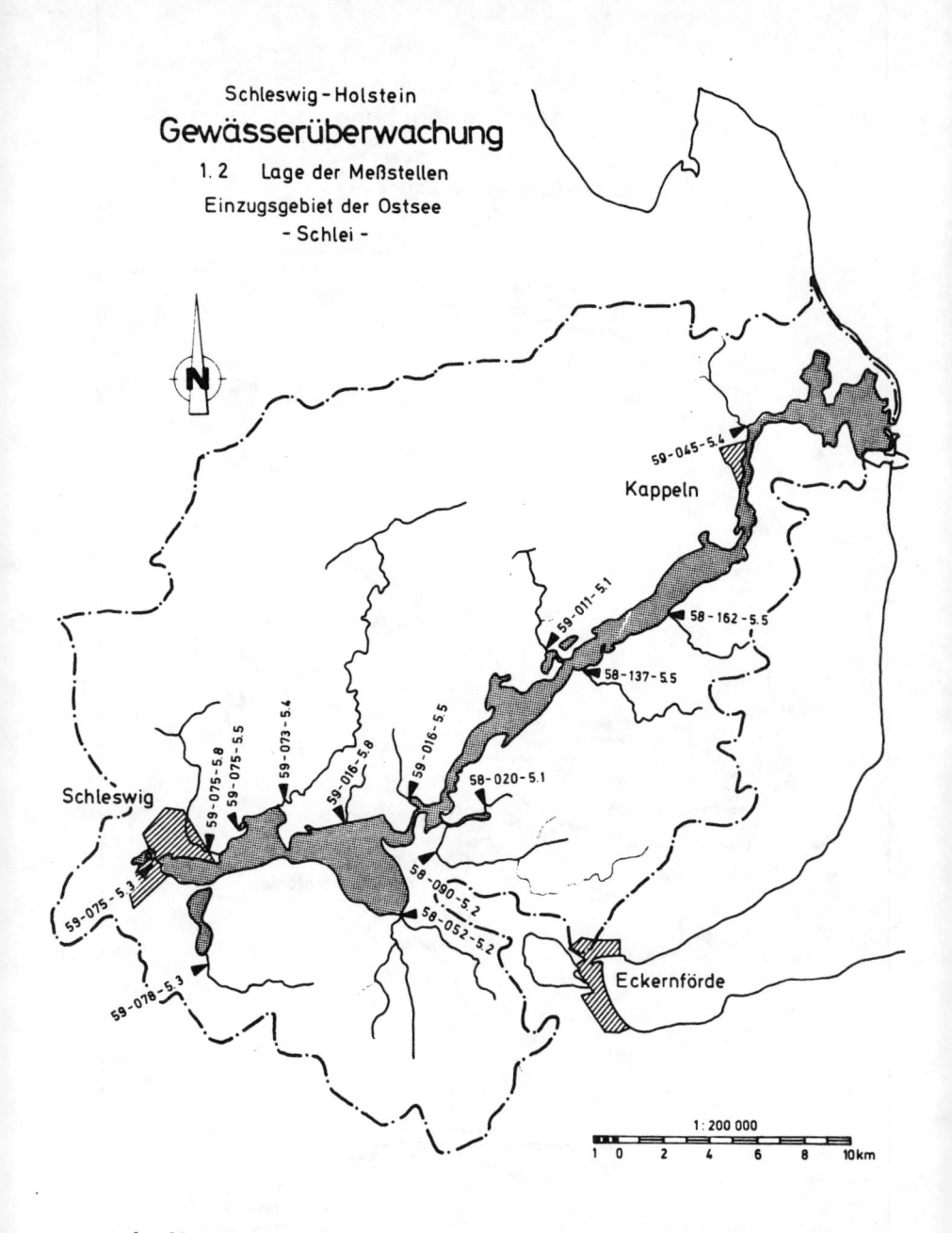

Quelle: Lit. 19

Karte V a

Landesamt
für Wasserhaushalt
und Küsten
Schleswig-Holstein

Schleswig-Holstein
Gewässerüberwachung
1.2 Lage der Meßstellen
im Einzugsgebiet der Ostsee

Quelle: Lit. 19

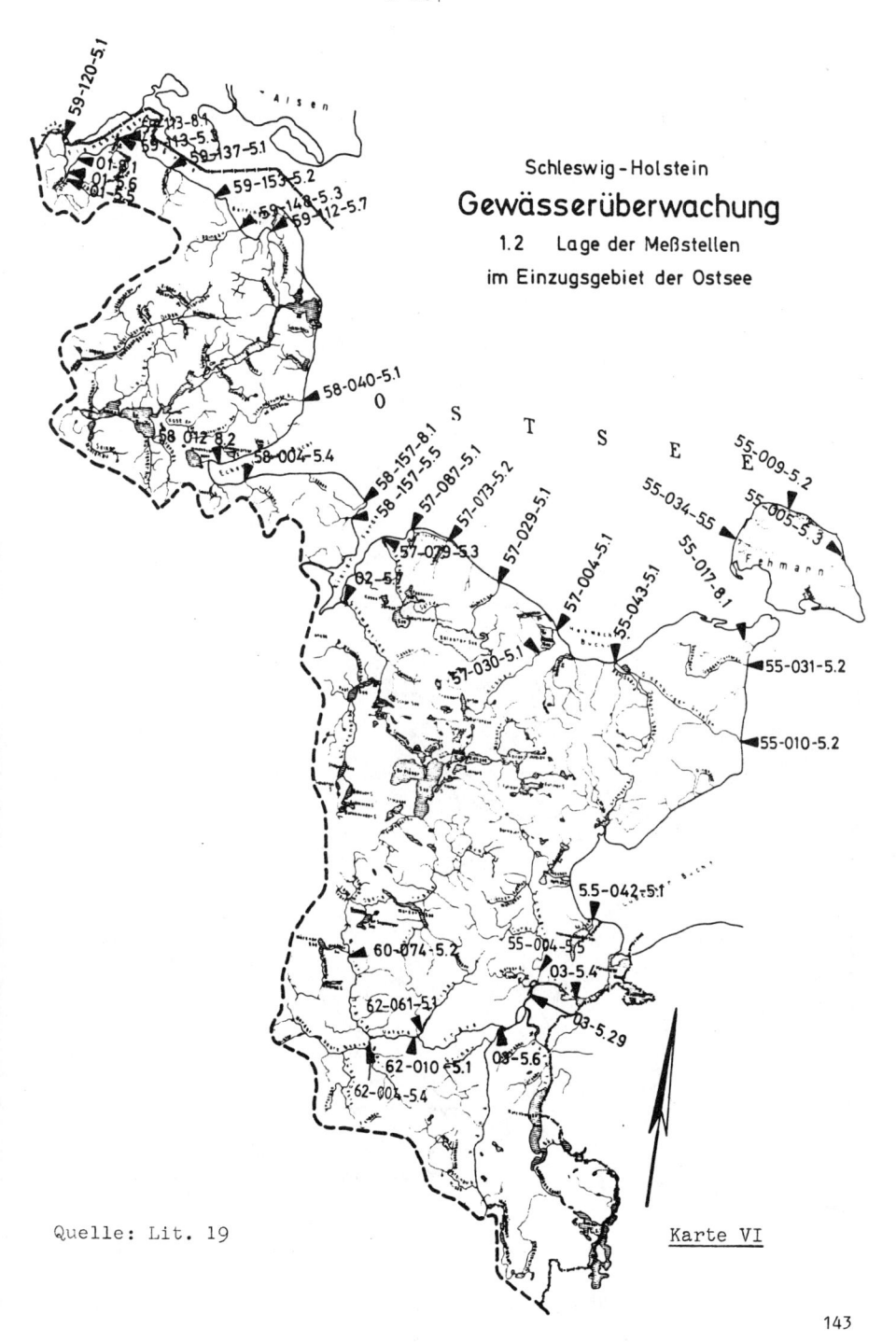

Karte VI

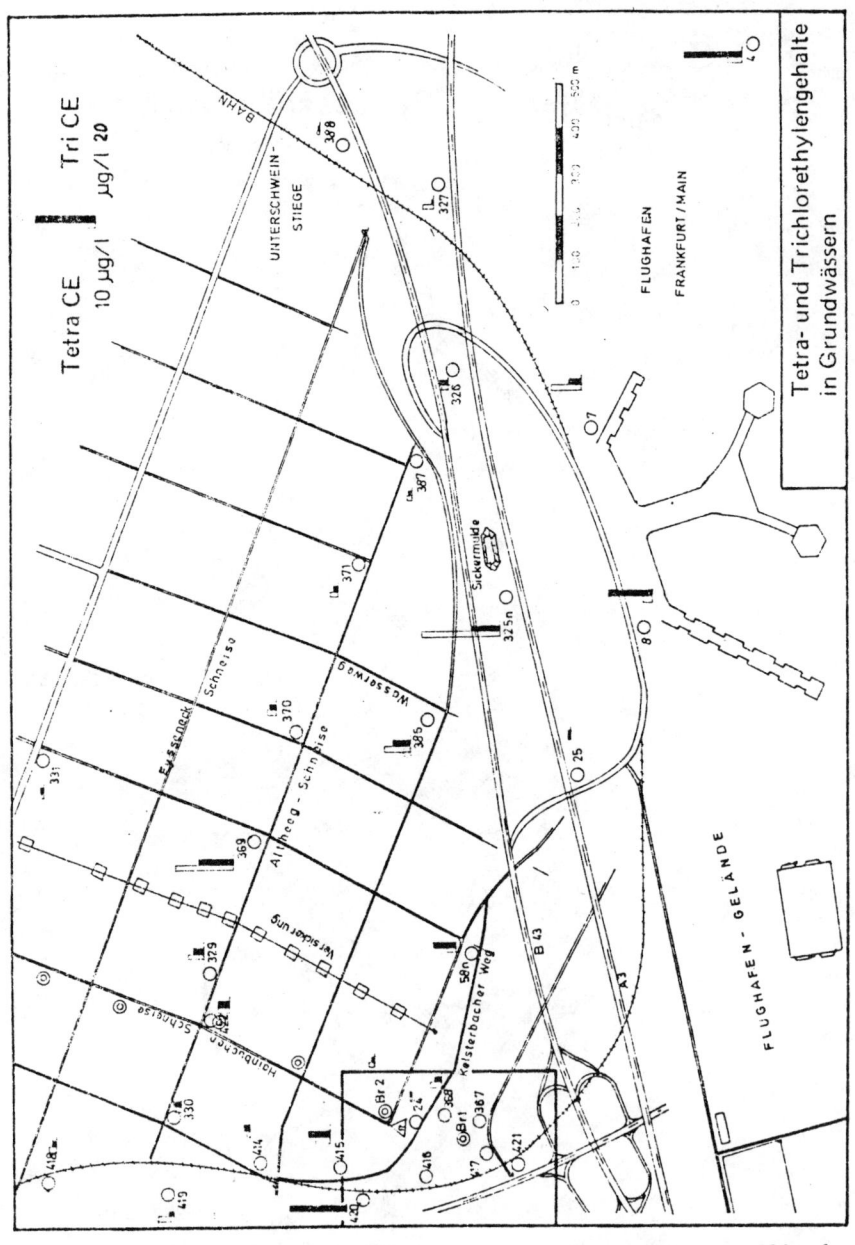

Tetra- und Trichlorethylengehalte in Grundwässern

Quelle: Lit. 13

Abb. 1

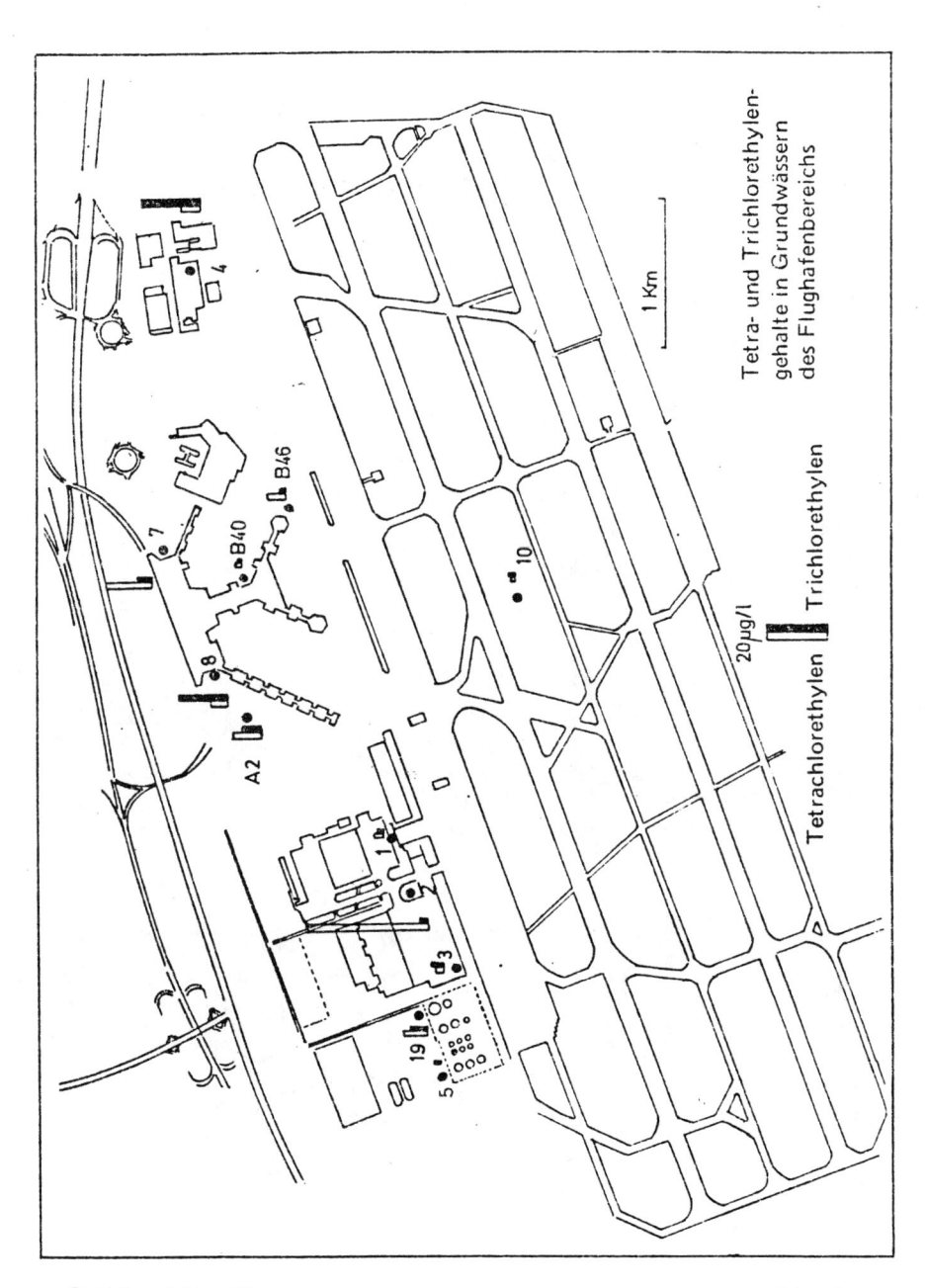

Quelle: Lit. 13

Abb. 2

Tetra- und Trichlorethylengehalte in Grundwässern des Flughafenbereichs

Proben-Entnahmepunkte zur Abwasser-Analyse
Tetrachlorethylen — Trichlorethylen

Quelle: Lit. 13

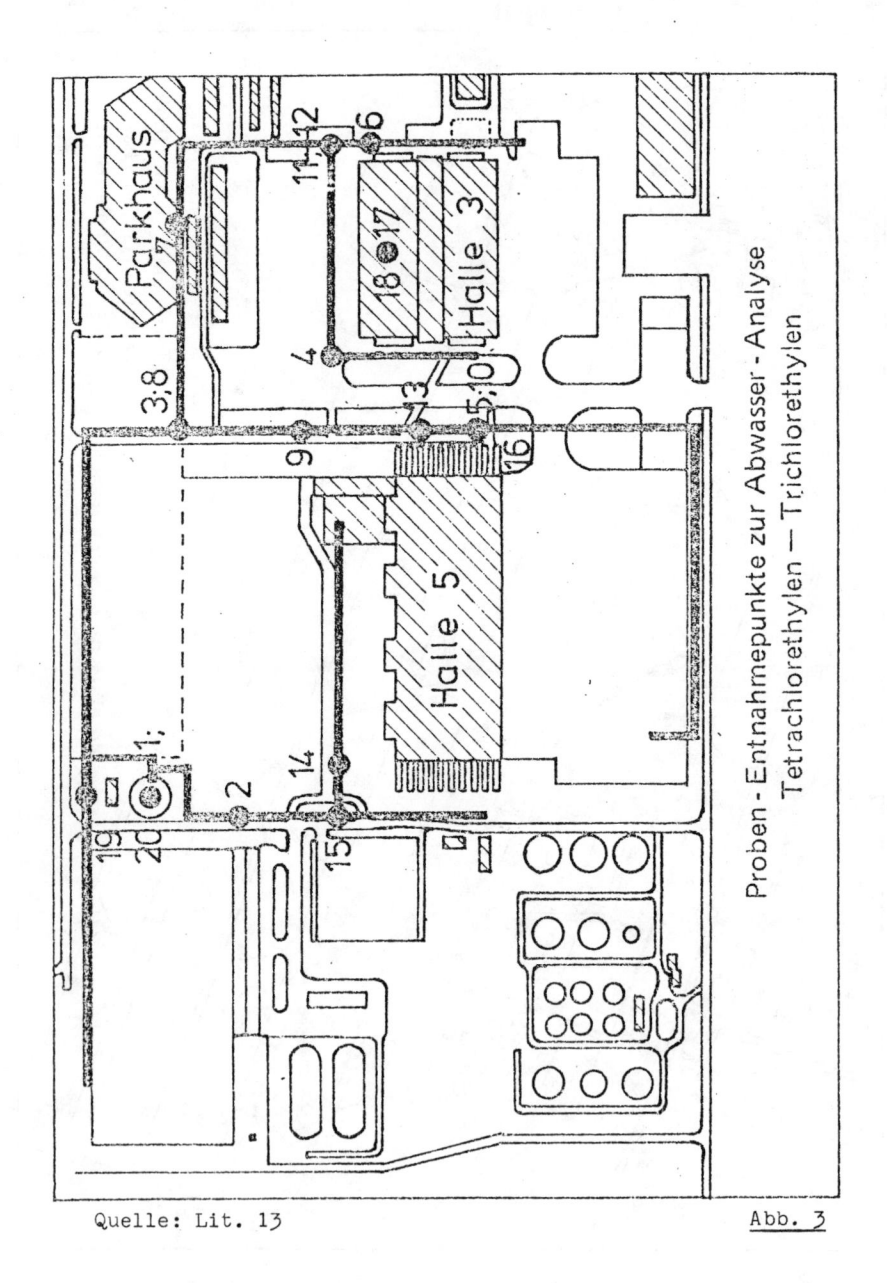

Abb. 3

D-110/1

Chlorierte Kohlenwasserstoffe

Wassergütestelle Elbe

Trichlorethylen

Perchlorethylen

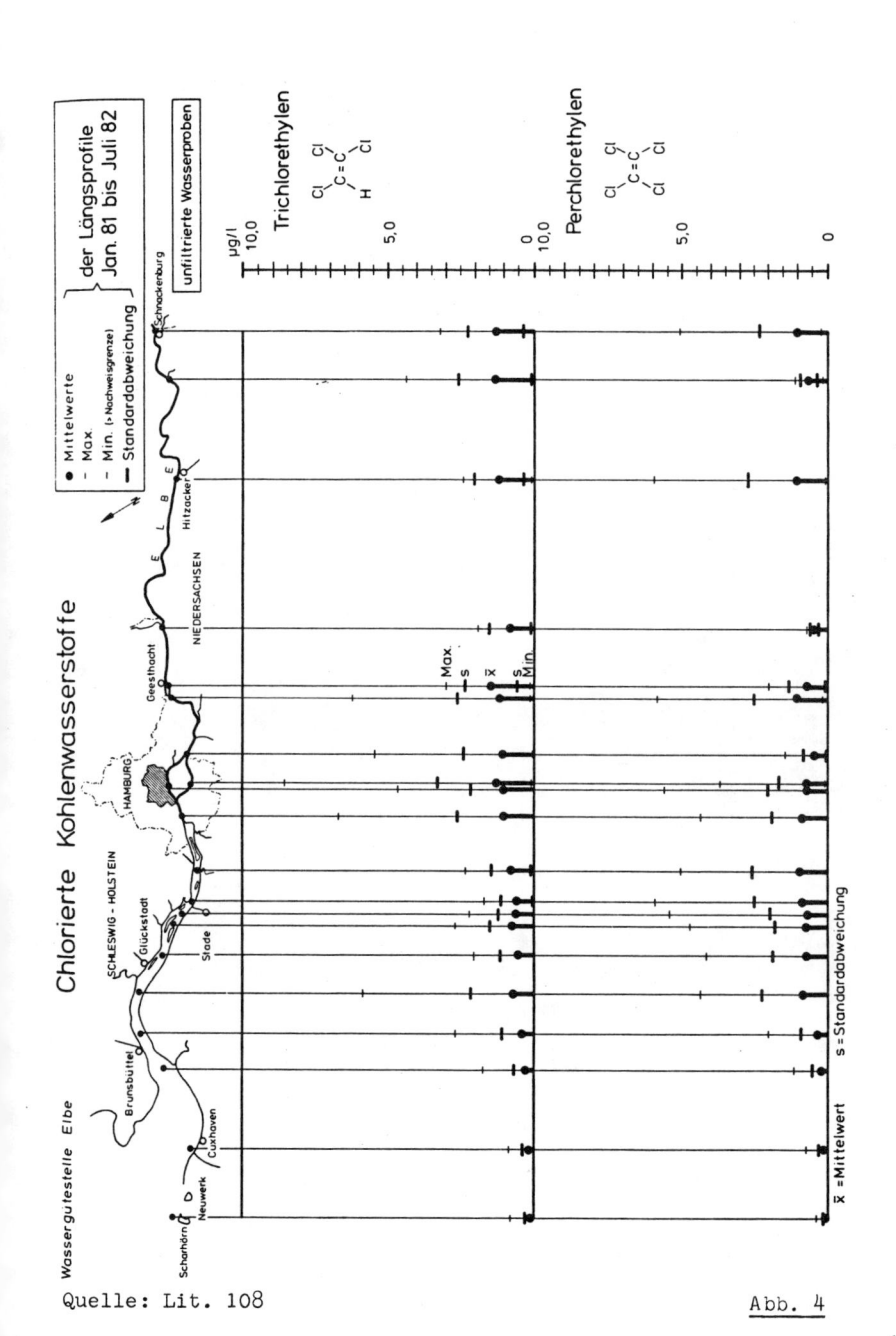

der Längsprofile Jan. 81 bis Juli 82
- Mittelwerte
- Max.
- Min. (=Nachweisgrenze)
— Standardabweichung

unfiltrierte Wasserproben

x̄ = Mittelwert   s = Standardabweichung

Längsprofil der Tri- und Perchlorethylen - Mittelwerte (Januar 81 - Juli 82)

Quelle: Lit. 108   Abb. 4

11. LITERATUR

01. Datenbank für wassergefährdende Stoffe (DABAWAS). 1982. Institut für Wasserforschung, Dortmund.

02. Informationssystem für Umweltchemikalien, Chemieanlagen und Störfälle (INFUCHS). Teilsystem Datenbank für wassergefährdende Stoffe (DABAWAS). Umweltbundesamt - UMPLIS.

03. Gordon, A.J. and R.A. Ford. 1972. The Chemists Companion. A Handbook of Practical Data, Techniques, and References. New York.

04. Weast, R.C. 1977-78. CRC Handbook of Chemistry and Physics. 58th Edition. Chemical Rubber Company, Cleveland, Ohio.

05. Hommel, G. 1980. Handbuch der gefährlichen Güter. Monographie.

06. Selenka, F. und U. Bauer. 1977. Erhebung von Grundlagen zur Bewertung von Organochlorverbindungen im Wasser. Abschlußbericht. Institut für Hygiene, Ruhr-Universität Bochum.

07. LAWWA. 1969. Katalog wassergefährdender Flüssigkeiten. Handbuch des Deutschen Wasserrechts. Baden-Württemberg (Stand 43, Erg.Lfg. X - 1970).

08. Environmental Research Program of the Federal Minister of the Interior. September 1979. Research Plan No. 104 01 073. Expertise on the Environmental Compatibility Testing of Selected Products of the Chemical Industry. Volume 1-4, SRI. A Research Contract by Umweltbundesamt.

09. Nabert, K. und G. Schön. 1963. Sicherheitstechnische Kennzahlen brennbarer Gase und Dämpfe. 2. erw. Aufl. Deutscher Eichverlag GmbH, Braunschweig.

11. LITERATUR

10. World Health Organization (WHO/EURO). 1980. Priority Problems in Toxic Chemicals Control in Europe. Exposure Type "A", Workers. Berlin.

11. Landesanstalt für Wasser und Abfall Nordrhein-Westfalen. 1977. Checkliste zur Beurteilung der Wassergefährlichkeit von Stoffen. KFW-Mitteilungen, 3: 1-4.

12. Althaus, H. und K.D. Jung. 1971. Dokumentation der Literatur über Wirkungskonzentration gesundheitsschädigender bzw. toxischer Stoffe in Wasser für niedere Wasserorganismen sowie kalt- und warmblütige Wirbeltiere einschließlich des Menschen bei oraler Aufnahme des Wassers oder Kontakt mit dem Wasser.
Ministerium für Ernährung, Landwirtschaft und Forsten des Landes Nordrhein-Westfalen, Düsseldorf. Hygiene-Institut des Ruhrgebiets, Gelsenkirchen.

13. Fritschi, G., V. Neumayr und V. Schinz. 1979. Tetrachlorethylen und Trichlorethylen im Trink- und Grundwasser. WaBoLu-Berichte, 1. Institut für Wasser-, Boden- und Lufthygiene des Bundesgesundheitsamtes. Dietrich Reimer Verlag.

14. Bringmann, G. und R. Kühn. 1976. Vergleichende Befunde der Schadwirkung wassergefährdender Stoffe gegen Bakterien (Pseudomonas putida) und Blaualgen (Microcystis aeruginosa). gwf-wasser/abwasser. Das Gas- und Wasserfach, 117, 9: 410-413.

15. Wasserschadstoff-Katalog. 1979. Herausgegeben vom Institut für Wasserwirtschaft. Berlin, Zentrallaboratorium, DDR.

11. LITERATUR

16. Anonym. Zunahme von Chlorkohlenwasserstoffen aus dem Lösemittelbereich in Oberflächenwässern - deren Rückgewinnung bzw. Eliminierung speziell aus dem Wasser. Umweltbundesamt.

17. Anna, H. und J. Alberti. 1978. Herkunft und Verwendung von Organohalogenverbindungen und ihre Verbreitung in Wasser und Abwasser. Wasser'77: d. techn.-wissenschaftl. Vorträge auf dem Kongreß Wasser Berlin 1977: 154-158.

18. Anonym. May 1982. Chemical Economics Handbook (CEH). Chemical Information Services. Stanford Research Institute (SRI). Menlo Park, California.

19. Landesamt für Wasserhaushalt und Küsten Schleswig-Holstein. 1981. Gewässerüberwachung.

20. Statistisches Bundesamt Wiesbaden. September 1982. Außenhandel nach Waren und Ländern (Spezialhandel). Außenhandel, Reihe 2, Fachserie 7. W. Kohlhammer Verlag GmbH, Stuttgart und Mainz: 101.

21. Pearson, C.R. and G. McConnell. 1975. Chlorinated C_1 and C_2 Hydrocarbons in the Marine Environment. Proc. R. Soc. London B, 189: 305-332.

22. Kölle, W. 1975. Eignungsprüfung von Wasserwerk-Aktivkohle anhand ihrer Adsorptionseigenschaften für organische Chlorverbindungen. Vom Wasser, 44: 203-217.

11. LITERATUR

23. Dietz, F. und J. Traud. 1973. Bestimmung niedermolekularer Chlorkohlenwasserstoffe in Wässern und Schlämmen mittels Gaschromatographie.
Vom Wasser, 41: 137-155.

24. Grob, K. and G. Grob. 1974. Organic Substances in Potable Water and in Its Precursor. Part II. Applications in the Area of Zürich.
Journal of Chromatography, 90: 303-313.

25. Dowty, B.J., D.R. Carlisle, and J.L. Laseter. 1975. New Orleans Drinking Water Sources Tested by Gas Chromatography-Mass Spectrometry. Occurrence and Origin of Aromatics and Halogenated Aliphatic Hydrocarbons.
Environmental Science & Technology, 9: 762-765.

26. Murray, A.J. and J.P. Riley. 1973. The Determination of Chlorinated Aliphatic Hydrocarbons in Air, Natural Water, Marine Organisms, and Sediments.
Analytica Chimica Acta, 65: 261-270.

27. Murray, A.J. and J.P. Riley. 1973. Occurrence of Some Chlorinated Aliphatic Hydrocarbons in the Environment.
Nature, 242: 37-38.

28. Bergert, K.H. und V. Betz. 1976. Organische Verunreinigungen in der Stadtluft - Ergebnisse einer Analysenserie mit GC/MS-Kopplung.
Chemie - Ingenieur - Technik, 48, 1: 47-48.

29. Lovelock, J.E. 1974. Atmospheric Halocarbons and Stratospheric Ozone.
Nature, 252: 292-294.

11. LITERATUR

30. Hester, E., R. Stephens, and O. Taylor. 1974. Fluorocarbons in the Los Angeles Basin. Journal of the Air Pollution Control Association, 24, 6: 591-595.

31. Lillian, D. and H.B. Singh. 1974. Absolute Determination of Atmospheric Halocarbons by Gas Phase Coulometry. Analytical Chemistry, 46, 8: 1060-1063.

32. Frant, R. 1974. Decomposition Products of Chlorinated Degreasing Hydrocarbons During Welding. Welding in the World, 11/12: 276-279.

33. Swanwick, J.D. and M. Foulkes. 1971. Inhibition of Anaerobic Digestion of Sewage Sludge by Chlorinated Hydrocarbons. Wat. Pollut. Control, 70: 58-70.

34. Camisa, A.G. 1975. Analysis and Characteristics of Trichloroethylene Wastes. Journal of Water Pollution Control Federation, 47, 5: 1021-1031.

35. Henschler, D. Gesundheitsschädliche Arbeitsstoffe. Toxikologisch-arbeitsmedizinische Begründung von MAK-Werten. Verlag Chemie, Weinheim.

36. McConnell, G., D.M. Ferguson, and C.R. Pearson. 1975. Chlorinated Hydrocarbons in the Environment. Endeavour, London, 34: 13-18.

37. Mehta, S., G. Behr, and D. Kenyon. 1973. The Effect of Volatile Anaesthetics on Bacterial Growth. Canadian Anaesthetics Society Journal, 20: 230-240.

11. LITERATUR

38. Surfleet, B. 1974. Electrical Methods of Pollution Control. Pollution Control for the Metal Finishing, Plastic and Chemical Industries, 6: 1-21.

39. Mehta, S., G. Behr, and D. Kenyon. 1974. The Effect of Volatile Anaesthetics on Common Respiratory Pathogens. Halothane, Trichloroethylene and Methoxyflurane. Anaesthesia, 29: 280-289.

40. Organization for Economic Co-Operation and Development (OECD). 1982. Collection of Minimum Pre-Marketing Sets of Data Including Environmental Residue Data on Existing Chemicals. OECD-Hazard Assessment Project. OECD-Working Group on Exposure Analysis. Expo-80.12b/D. **Prepared by Umweltbundesamt Berlin.**

41. Giger, W., E. Molnar-Kubica, and S. Wakeham. 1978. Volatile Chlorinated Hydrocarbons in Ground and Lake Waters. In: Aquatic Pollutants. Transformation and Biological Effects. Hutzinger, O., I.H. Van Lelyveld, and B.C.J. Zoeteman (Eds.): 101-123.

42. Dickson, A.G. and J.P. Riley. 1976. The Distribution of Short-Chain Halogenated Aliphatic Hydrocarbons in Some Marine Organisms. Marine Pollution Bulletin, 7, 9: 167-169.

43. Klöpffer, W., E. Zietz, G. Rippen, W. Schönborn und R. Frische November 1982. Merkblätter über Referenzchemikalien. Priorität A: Trichlorethylen. Battelle-Institut e.V. Frankfurt. Im Auftrag der KFA-Jülich.

44. Lahl, U., M. Cetinkaya, J. v. Düszeln, B. Stachel, W. Thiemann, B. Gabel, R. Kozicki, and A. Podbielski. 1981. Health Risks from Volatile Halogenated Hydrocarbons? The Science of the Total Environment, 20: 171-189.

11. LITERATUR

45. Gabel, B., U. Lahl, K. Bätjer, M. Cetinkaya, J. v. Düszeln, R. Kozicki, A. Podbielski, B. Stachel, and W. Thiemann. 1980. Volatile Halogenated Compounds in Drinking Waters of the F.R.G. Proceedings fo the International Symposium on Water Supply and Health, Aug. 27-29, 1980. Noordwijkerhout (Amsterdam), The Netherlands. Sci. Total Environ., 18: 363-366.

46. Juhnke, I. und D. Lüdemann. 1978. Ergebnisse der Untersuchung von 200 chemischen Verbindungen auf akute Fischtoxizität mit dem Goldorfentest.
Z. f. Wasser- und Abwasser-Forschung, 5: 161-170.

47. Beyer, H. 1968. Lehrbuch der organischen Chemie.
Leipzig: 52.

48. Neumayr, V. 1981. Verteilungs- und Transportmechanismen von chlorierten Kohlenwasserstoffen in der Umwelt.
WaBoLu-Berichte: Gefährdung von Grund- und Trinkwasser durch leichtflüchtige Chlorkohlenwasserstoffe. Aurand, K. und M. Fischer (Hrsg.). Institut für Wasser-, Boden- und Lufthygiene des Bundesgesundheitsamtes, 3: 24-40.

49. Kußmaul, H., D. Mühlhausen und V. Neumayr. 1981. Vorkommen von Trichlorethylen, Tetrachlorethylen und Tetrachlorethan in Trinkwässern des Rhein-Main-Gebietes.
WaBoLu-Berichte: Gefährdung von Grund- und Trinkwasser durch leichtflüchtige Chlorkohlenwasserstoffe. Aurand, K. und M. Fischer (Hrsg.). Institut für Wasser-, Boden- und Lufthygiene des Bundesgesundheitsamtes, 3: 41-44

11. LITERATUR

50. Gäb, S. 1981. Zum Umweltverhalten der leichtflüchtigen Chlorkohlenwasserstoffe.
 WaBoLu-Berichte: Gefährdung von Grund- und Trinkwasser durch leichtflüchtige Chlorkohlenwasserstoffe. Aurand, K. und M. Fischer (Hrsg.). Institut für Wasser-, Boden- und Lufthygiene des Bundesgesundheitsamtes, 3: 55-61.

51. Spitzauer, P. und H. Rohleder. 1981. Halogenkohlenwasserstoffe. Regionale Verwendungsmuster und Emissionskataster.
 WaBoLu-Berichte: Gefährdung von Grund- und Trinkwasser durch leichtflüchtige Chlorkohlenwasserstoffe. Aurand, K. und M. Fischer (Hrsg.). Institut für Wasser-, Boden- und Lufthygiene des Bundesgesundheitsamtes, 3: 62-66.

52. Anonym. März 1980. Die Erfassung von Umweltchemikalien in Bayern.
 Materialien 10. Bayerisches Staatsministerium für Landesentwicklung und Umweltfragen.

53. Umweltbundesamt. Juni 1979. Lösemittel und lösemittelhaltige Rückstände.
 Materialien 2/76. Materialien zum Abfallwirtschaftsprogramm '75 der Bundesregierung. Stand: Frühjahr 1974.

54. Quaghebeur, D. and E. DeWulf. 1980. Volatile Halogenated Hydrocarbons in Belgian Drinking Waters.
 The Science of the Total Environment, 14: 43-52.

55. Anonym. April 1982. Verhalten von leichtflüchtigen Chlorkohlenwasserstoffen im Untergrund und Sanierungsmöglichkeiten von Schadensfällen.
 Ministerium für Ernährung, Landwirtschaft, Umwelt und Forsten Baden-Württemberg.

11. LITERATUR

56. Bringmann, G. und R. Kühn. 1977. Befunde der Schadwirkung wassergefährdender Stoffe gegen Daphnia magna.
Z. f. Wasser- und Abwasser-Forschung, 10, 5: 161-166.

57. Bolzer, W. 1981. Trihalomethane und andere Halogenkohlenwasserstoffe in Trinkwasser: Vorkommen, Entstehung und Minimierungsmöglichkeiten.
Oesterreichische Wasserwirtschaft, 33, 1/2: 1-8.

58. Dietz, F., J. Traud und P. Koppe. 1982. Leichtflüchtige Halogenkohlenwasserstoffe in Abwässern und Schlämmen.
Vom Wasser, 58: 187-205.

59. Correia, Y., G.J. Martens, F.H. Van Mensch, and B.P. Whim. 1977. The Occurrence of Trichloroethylene, Tetrachloroethylene and 1,1,1-Trichloroethane in Western Europe in Air and Water.
Atmospheric Environment, 11: 1113-1116.

60. Kühn, W. 1978. Veränderung des Gehalts von Organohalogenverbindungen im Wasser bei der Trinkwassergewinnung und -aufbereitung.
Wasser'77: d. techn.-wissenschaftl. Vorträge auf dem Kongreß Wasser Berlin 1977, 1: 168-173.

61. Stieglitz, L., W. Roth, W. Kühn und W. Leger. 1976. Das Verhalten von Organohalogenverbindungen bei der Trinkwasseraufbereitung.
Vom Wasser, 47: 347-377.

62. Alexander, H.C., W.M. McCarty, and E.A. Bartlett. 1978. Toxicity of Perchloroethylene, Trichloroethylene, 1,1,1-Trichloroethane, and Methylene Chloride to Fathead Minnows.
Bull. Environm. Contam. Toxicol., 20: 344-352.

11. LITERATUR

63. Environmental Protection Agency 670/4-74-008. 1974. The Occurrence of Organohalides in Chlorinated Drinking Waters. Bellar, T.A., J.J. Lichtenberg, and R.C. Kroner (Authors). U.S. Environmental Protection Agency. Environmental Monitoring Series.

64. Canton, J.H. and D.M.M. Adema. 1978. Reproducibility of Short-Term and Reproduction Toxicity Experiments with Daphnia magna and Comparison of the Sensitivity of Daphnia magna with Daphnia pulex and Daphnia cucullata in Short-Term Experiments.
Hydrobiologia, 59: 135-140.

65. Althaus, H. und K.-D. Jung. 1972. Wirkungskonzentration (gesundheits-)schädigender bzw. toxischer Stoffe in Wasser für niedere Wasserorganismen sowie kalt- und warmblütige Wirbeltiere einschließlich des Menschen bei oraler Aufnahme des Wassers oder Kontakt mit dem Wasser.
Ministerium für Ernährung, Landwirtschaft und Forsten des Landes Nordrhein-Westfalen, Düsseldorf.

66. Knöfler, L. und M. Wüstefeld. Februar 1980. Aufbereitung der Ergebnisse aus Forschungsvorhaben der interministeriellen Projektgruppe Umweltchemikalien.
Forschungsgruppe "Organohalogenverbindungen". Auftrag Nr. 431-1720-10/11. Fraunhofer-Institut für Systemtechnik und Innovationsforschung. Schlußbericht an den Bundesminister für Jugend, Familie und Gesundheit.

67. Rijncommissie Waterleidingsbedrijven (RIWA). 1980. Bericht über die Untersuchung der Beschaffenheit des Rheinwassers in der fließenden Welle von Köln bis Hoek van Holland am 23. und 24. April 1980.
Amsterdam.

11. LITERATUR

68. Makide, Y., Y. Kanai, and T. Tominaga. 1980. Background Atmospheric Concentrations of Halogenated Hydrocarbons in Japan.
Bull. Chem. Soc. Jpn., 53: 2681-2682.

69. Environmental Protection Agency 560/13-79-006. July 1979. Formulation of a Preliminary Assessment of Halogenated Organic Compounds in Man and Environmental Media.
Pellizzari, E.D., M.D. Erickson, and R.A. Zweidinger (Authors). U.S. Environmental Protection Agency. Office of Toxic Substances, Washington, D.C.

70. Commission of the European Communities. 1979. Analysis of Organic Micropollutants in Water.
Cost-Project 64 b bis. Third Edition. Volume II.

71. Internationale Arbeitsgemeinschaft der Wasserwerke im Rheineinzugsgebiet (IAWR). Rheinbericht 1979/80.
Jahresbericht. Amsterdam.

72. Bauer, U. 1978. Halogenkohlenwasserstoffe im Trink- und Oberflächenwasser. Meßergebnisse 1976/77 in der Bundesrepublik Deutschland (Trinkwasser aus 100 Städten, Oberflächenwasser aus Ruhr, Lippe, Main, Rhein).
WaBoLu-Berichte: Gesundheitliche Probleme der Wasserchlorung und Bewertung der dabei gebildeten halogenierten organischen Verbindungen. Sonneborn, M. (Hrsg.). Institut für Wasser-, Boden- und Lufthygiene des Bundesgesundheitsamtes, 3: 64-74.

73. Environmental Protection Agency 440/4-79-029. December 1979. Water-Related Environmental Fate of 129 Priority Pollutants. Vol. I: Introduction and Technical Background, Metals and Inorganics, Pesticides and PCBs.
Callaha, M.A., M.W. Slimak, N.W. Gabl, J.P. May, C.F. Fowler J.R. Freed, P. Jennings, R.L. Durfee, F.C. Whitmore, B. Maestri, W.R. Mabey, B.R. Holt, and C. Gould (Authors).

11. LITERATUR

74. Bringmann, G. und R. Kühn. 1980. Comparison of the Toxicity Thresholds of Water Pollutants to Bacteria, Algae and Protozoa in the Cell Multiplication Inhibition Test. Water Research, 14: 231-241.

75. Bringmann, G. und R. Kühn. 1982. Ergebnisse der Schadwirkung wassergefährdender Stoffe gegen Daphnia magna in einem weiterentwickelten standardisierten Testverfahren. Z. Wasser Abwasser Forsch., 15, 1: 1-6.

76. Bauer, U. und F. Selenka. Februar 1979. Analytik, Vorkommen und Verhalten von halogenierten Kohlenwasserstoffen bei der Trinkwassergewinnung. Bundesminister für Forschung und Technologie. Forschungsbericht (037107). In: Führ, F. und B. Scheele (Hrsg.). 1979. Organohalogenverbindungen in der Umwelt: Projektbericht 1975-1978: 33-65. Kernforschungsanlage Jülich GmbH.

77. Fragiadakis, A., W. Klein, F. Korte, P.N. Moza, I. Schennert, D. Vockel und U. Weiß. Februar 1979. Verhalten von Organohalogenverbindungen in Systemen Pflanzen-Boden. Bundesminister für Forschung und Technologie. Forschungsbericht (037118). In: Führ, F. und B. Scheele (Hrsg.). 1979. Organohalogenverbindungen in der Umwelt: Projektbericht 1975-1978: 144-155. Kernforschungsanlage Jülich GmbH.

78. Bringmann, G. und R. Kühn. 1980. Bestimmung der biologischen Schadwirkung wassergefährdender Stoffe gegen Protozoen. II. Bakterienfressende Ciliaten. Z. f. Wasser- und Abwasser-Forschung, 1: 26-31.

79. Bringmann, G. 1978. Bestimmung der biologischen Schadwirkung wassergefährdender Stoffe gegen Protozoen. I. Bakterienfressende Flagellaten. Z. f. Wasser- und Abwasser-Forschung, 11, 6: 210-215.

11. LITERATUR

80. Bringmann, G., R. Kühn und A. Winter. 1980. Bestimmung der biologischen Schadwirkung wassergefährdender Stoffe gegen Protozoen. III. Saprozoische Flagellaten.
Z. f. Wasser- und Abwasser-Forschung, 13, 5: 170-173.

81. Deutsche Forschungsgemeinschaft (DFG). 1983. Maximale Arbeitsplatzkonzentrationen und Biologische Arbeitsstofftoleranzwerte 1983.
Mitteilung XIX der Senatskommission zur Prüfung gesundheitsschädlicher Arbeitsstoffe. Verlag Chemie, Weinheim.

82. Environmental Protection Agency. April 1975. Identification of Organic Compounds in Effluents from Industrial Sources.

83. Zürcher, F. und W. Giger. 1976. Flüchtige organische Spurenkomponenten in der Glatt.
Vortrag, Kiel 24.5.1976, Fachgruppe Wasserchemie in der GDCh. Zitiert in Lit. 06.

84. Giger, W., M. Reinhard, C. Schaffner und F. Zürcher. 1976. Analysis of Organic Constituents in Water by High Resolution Gas Chromatography in Combination with Specific Detection and Computer Assisted Mass Spectrometry.
In: Identification and Analysis of Organic Pollutants in Water. Keith, L.H. (Ed.). Ann Arbor Science.

85. McConnell, G. 1977. Halo Organics in Water Supplies.
Journal of the Institution of Water Engineers and Scientists, 31: 431-445.

86. Dilling, W.L., N.B. Tefertiller, and G.J. Kallos. 1975. Evaporation Rates and Reactivities of Methylene Chloride, Chloroform, 1,1,1-Trichlorethane, Trichloroethylene, Tetrachloroethylene, and Other Chlorinated Compounds in Dilute Aqueous Solutions.
Environ. Sci. Technol., 9, 9: 833-838.

11. LITERATUR

87. Baader, E.W. 1960. Klinische Grundlagen der 46 meldepflichtigen Berufskrankheiten.
    München.

88. Schubert, R. März 1979. Toxizität von Organohalogenverbindungen gegenüber Bakterien und Abbaubarkeit.
    Bundesminister für Forschung und Technologie. Forschungsbericht (037123). In: Führ, F. und B. Scheele (Hrsg.). 1979. Organohalogenverbindungen in der Umwelt: Projektbericht 1975-1978: 211-218. Kernforschungsanlage Jülich GmbH.

89. Anonym. 1977. AG Bewertung wassergefährdender Stoffe. Sitzung vom 9.8.1977.
    C.W. Heils, Abt. Umweltschutz, Aktennotiz, Nr. 23-77.
    Zitiert in Lit. 01.

90. Private Mitteilung.
    Zitiert in Lit. 02.

91. Duve, G., Fuchs, O. und H. Overbeck. 1974. Lösemittel Hoechst.
    Hoechst AG, Frankfurt am Main. 5. Auflage.

92. Frische, R., W. Klöpffer und W. Schönborn. Mai 1979. Bewertung von organisch-chemischen Stoffen und Produkten in Bezug auf ihr Umweltverhalten - chemische, biologische und wirtschaftliche Aspekte.
    Studie des Battelle-Instituts e.V., Frankfurt am Main, für das Umweltbundesamt Berlin. 1. und 2. Teil.

93. Anonym. 1978. Umweltgutachten 1978.
    Rat von Sachverständigen für Umweltfragen.
    Zitiert in Lit. 43.

94. Anonym. 1966-1971. UV-Atlas.
    Vol. 1-5, DMS, Butterworth, Verlag Chemie.

11. LITERATUR

95. Blaunstein, R.P. and L.G. Christophorou. 1971. On Molecular Parameters of Physical, Chemical and Biological Interest. Vol. 1 and 2, M. Dekker, New York.

96. Fujii, T. 1977. Direct Aqueous Injection Gas Chromatography-Mass Spectrometry for Analysis of Organohalides in Water at Concentrations below the Parts per Billion Level. Journal of Chromatography, 139: 297-302.

97. Leo, A., C. Hansch, and D. Elkins. 1971. Partition Coefficients and Their Uses. Chem. Rev., 71: 525-616.

98. Weil, L., K.E. Quentin und G. Rönicke. 1973. Pestizid-Pegel des Luftstaubs in der Bundesrepublik. Kommission zur Erforschung der Luftverunreinigung, Mitteilung VIII.

99. Dulson, W. 1978. Organisch-chemische Fremdstoffe in atmosphärischer Luft. Gaschromatographisch/massenspektrometrische Submikrobestimmung und Bewertung von Luftverunreinigungen in einer Großstadt. Schriftenreihe des Vereins für Wasser-, Boden- und Lufthygiene, Gustav Fischer-Verlag.

100. Korte, F., H. Greim, et al. 1981. Überprüfung der Durchführbarkeit von Prüfungsvorschriften und der Aussagekraft der Grundprüfung des E.Chem.G. Bericht der GSF, München, Inst. f. Ökolog. Chemie, Inst. f. Biochem. u. Toxikol., Abt. Toxikol., an das Umweltbundesamt, Berlin, Forschungsbericht 107 04 006/01.

101. Biethan, U., et al. 1979. Lacke und Lösemittel. Eigenschaften, Herstellung, Anwendung. Verlag Chemie, Weinheim, New York.

11.   LITERATUR

102. The Merck Index. 1976. An Encyclopedia of Chemicals and Drugs. 9th Ed., Merck & Co., Rahway, N.Y.

103. Ray, and N.M. Trieff. 1980.
     In: Environment and Health. Trieff, N.M. (Ed.). Ann Arbor Sci., Michigan, USA.

104. Rat von Sachverständigen für Umweltfragen. 1978. Umweltgutachten 1978.
     Stuttgart.

105. Coleman, W.E., R.D. Lingg, R.G. Melton, and F.C. Kopfler. 1976. The Occurrence of Volatile Organics in Five Drinking Water Supplies Using Gas Chromatography/Mass Spectrometry. In: Identification and Analysis of Organic Pollutants in Water. Keith, L.H. (Ed.). Ann Arbor Science Publishers Inc., MI.

106. Environment Agency Japan. 1981. Background Paper on the Environmental Monitoring of Chemical Substances in Japan.
     In: Proc. Workshop Control of Existing Chemicals under the Patronage of the OECD.
     Umweltbundesamt (Ed.), Berlin, 10.-12. Juni 1981: 165-189.

107. Baumann-Ofstad, E., H. Drangsholt, and G.E. Carlberg. 1981. Sci. Total Environ., 20: 205.

108. Arbeitsgemeinschaft für die Reinhaltung der Elbe. Chlorierte Kohlenwasserstoffe - Daten der Elbe -. Bericht über die Ergebnisse des Schwerpunktmeßprogramms Chlorierte Kohlenwasserstoffe im Elbabschnitt von Schnackenburg bis zur Nordsee 1980 - 1982.

Perchlorethylen

CAS-NUMMER   127-18-4

STRUKTUR- UND SUMMENFORMEL

C_2Cl_4

$$\begin{array}{c}Cl\\ \end{array}\!\!\!\diagdown\!\!C=C\!\!\diagup\!\!\!\begin{array}{c}Cl\\ \end{array}$$
$$Cl\diagup\diagdown Cl$$

MOLEKULARGEWICHT   165,83 g/mol

1. BEZEICHNUNGEN, HANDELSTRIVIALBEZEICHNUNGEN[1]

Es wurden ca. 30 (dreißig) Handelstrivialbezeichnungen von Tetrachlorethylen angeführt.

Die am häufigsten verwendeten Bezeichnungen sind

    PERCHLORÄTHYLEN, TETRACHLORETHEN.

---

[1] Datenliste Seite 177-178

2. PHYSIKALISCH-CHEMISCHE EIGENSCHAFTEN[1]

In der Datenliste sind verschiedene Angaben zu den physikalisch-chemischen Eigenschaften zusammengestellt. Im folgenden werden die am häufigsten angeführten Eigenschaften und Daten wiedergegeben:

DICHTE	1,623 g/cm^3 bei 20 °C
DAMPFDRUCK	1 866,51 Pa bei 20 °C
WASSERLÖSLICHKEIT	100 mg/l bei 20 °C
VERTEILUNGSKOEFFIZIENT	C_W/C_L 1,22 je mg/l bei 20 °C
Schmelzpunkt	-19 °C
Siedepunkt	121,1 °C

3. ANWENDUNGSBEREICHE UND VERBRAUCHSSPEKTREN[2]

Tetrachlorethylen wird sowohl in verschiedenen Industriezweigen als auch in der Landwirtschaft und im Gewerbe verwendet. Die Hauptanwendungsgebiete sind: Metallentfettung, Chemische Reinigung, Extraktionen, chemische Umwandlungen, Pflanzenschutz.

Am häufigsten werden folgende Bereiche angegeben:

Metallentfettung	ca. 60 - 70 %
Chemische Reinigung	ca. 20 - 30 %
Sonstige	ca. 10 - 20 %

---

[1] Datenliste Seite 180-188
[2] Datenliste Seite 189-192

4. HERSTELLUNG[1]

Produktion, Import, Export, Verbrauch

4.1 Bundesrepublik Deutschland

Zu den Produktionsmengen werden unterschiedliche Angaben gemacht. Für die letzten drei Jahre nennt das Statistische Bundesamt Wiesbaden folgende Werte:

Produktion und zum Absatz bestimmte Menge von Tetrachlorethylen (t)

Jahr	Produktion	darunter zum Absatz bestimmt
1979	126 561	126 270
1980	116 148	115 855
1981	108 210	107 869

Der Verbrauch von Tetrachlorethylen bei Chemischer Reinigung und Metallentfettung in der Industrie wurde für Bayern in der folgenden Tabelle zusammengefaßt:

Verbrauch von Tetrachlorethylen bei Metallentfettung und Chemischer Reinigung (t/Jahr) (Bericht 1980)

Landkreis	Metallentfettung	Chem. Reinigung
Oberbayern	3 640,9	1 525,1
Niederbayern	805,0	178,2
Oberpfalz	750,8	272,1
Oberfranken	815,6	379,3
Mittelfranken	2 451,6	610,2
Unterfranken	1 223,2	469,8
Schwaben	1 527,8	515,3

---

[1] Datenliste Seite 193-209

In der Datenliste sind weitere Angaben wiedergegeben.

4.2 Europäische Gemeinschaft (EG)

Als Produktionsmenge für 1978 werden 286 000 t angegeben. Folgende Herstellungsländer der EG werden genannt:

Bundesrepublik Deutschland
Belgien
England
Frankreich
Italien
Niederlande

4.3 Westeuropa

Jährliche Produktion sowie Export und Import von Tetrachlorethylen für die Jahre 1979 und 1980 sind in der folgenden Tabelle angegeben:

Produktion, Import und Export (t) von Tetrachlorethylen in den Jahren 1979 und 1980

Jahr	Jährl. Produktion	Import	Export
1979	280 000	11 000	28 000
1980	-	16 000	25 000

Verbrauch	1979	245 000 t
	1980	215 000 t

4.4 USA

Die Produktionsangaben ab 1960 sind in der Datenliste zusammengestellt.

In der folgenden Tabelle sind Verbrauch und Produktionsmenge für die Jahre 1979 und 1980 wiedergegeben:

Produktion und Verbrauch (t) von Tetrachlorethylen in USA, 1979 und 1980

Jahr	Produktion	Verbrauch
1979	350 000	319 000
1980	347 000	329 000

4.5 Japan

Die jährliche Produktionsmenge sowie Export und Import von Tetrachlorethylen sind in der folgenden Tabelle zusammengestellt:

Produktion, Export und Import von Tetrachlorethylen (t) in Japna, 1979 und 1980

Jahr	Produktion	Import	Export
1979	55 000	14 200	1 400
1980	64 000	10 200	2 000

Verbrauch (berechnet nach der Tabelle):

| 1979 | 67 800 t |
| 1980 | 72 200 t |

4.6 Welt

Die geschätzte Weltproduktion für das Jahr 1973 wird mit 1 050 000 t angegeben. In anderen Berichten wird eine jährliche Produktion von 750 000 t genannt.

4.7 Zusammenfassung

Bezüglich der jährlichen Produktion in den genannten Ländern und der Europäischen Gemeinschaft liegen die USA an erster Stelle, gefolgt von der EG und der Bundesrepublik Deutschland und zuletzt Japan. Diese Reihenfolge ist auch für die Verbrauchsmenge festzustellen:

Produktion und Verbrauch von Tetrachlorethylen im Jahre 1980 (t)

Herstellung	Produktion	Verbrauch
Bundesrepublik Deutschland	116 480	92 881
Europäische Gemeinschaft	(1978) 280 000	-
Westeuropa	-	215 000
USA	347 000	329 000
Japan	64 000	72 200

5. TOXIKOLOGIE

Maximale Arbeitsplatzkonzentrationen

Bundesrepublik Deutschland 1983

MAK	
ml/m^3 (ppm)	mg/m^3
50	345

6. ÖKOTOXIKOLOGIE[1]

Hydrosphäre

6.1 Fisch-Toxizität

Es liegen nur wenige Angaben zur Fisch-Toxizität vor. Folgender Wert wird mitgeteilt:

LC_{50} , 96 h, Limanda limanda   5 mg/l

6.2 Daphnien-Toxizität

Folgende Werte werden für* Daphnia magna angegeben:

EC_0	65 mg/l
EC_{50}	147 mg/l
EC_{100}	250 mg/l

6.3 Algen-Toxizität

Bei einzelligen Algen wird für LC_{50} ein Wert von 10,5 mg/l angegeben.

7. ELIMINATION - ABBAU - PERSISTENZ[2]

7.1 Biotischer Abbau

Über den biotischen Abbau in natürlichen Gewässern liegen keine Angaben vor.

---

[1] Datenliste Seite 211-214
[2] Datenliste Seite 215-221
* In den OECD-Richtlinien angegebener Test-Organismus

7.2 Abiotischer Abbau

Photolyse

Es liegen keine speziellen Angaben zur Photolyse in Gewässern vor.

Oxidation

Zur Oxidation von Tetrachlorethylen in natürlichen Gewässern liegen keine Informationen vor.

Hydrolyse

Es wird eine Halbwertszeit (im Dunkeln) von 8,8 Monaten mitgeteilt.

Verflüchtigung

Die Abnahme von Tetrachlorethylen durch Verflüchtigung in einer 20 km Flußstrecke wird mit 93,3 % angegeben. Für Verflüchtigung von Tetrachlorethylen aus dem Wasser in die Luft (Feldversuch in der Rinne einer Vorfluteranlage) wird eine Halbwertszeit von 1,1 $\pm$ 7 h (Mittelwert) mitgeteilt.

8. AKKUMULATION[1]

8.1 Bioakkumulation

Es liegen zahlreiche Angaben über gemessene Tetrachlorethylen-Konzentrationen in verschiedenen tierischen und pflanlichen Proben vor. Die Werte sind in der Datenliste zusammengestellt.

---

[1] Datenliste Seite 222-242

8.2 Sonstiges Vorkommen

Zahlreiche Angaben über gemessene Tetrachlorethylen-Konzentrationen in Sediment, Schlamm und Luft sind in der Datenliste zusammengestellt.

9. KONZENTRATION IM WASSER[1]

9.1 Oberflächenwasser - Bundesrepublik Deutschland

Es wurden zahlreiche Messungen an verschiedenen Oberflächengewässern der Bundesrepublik Deutschland durchgeführt. In der Datenliste sind die Angaben wiedergegeben. Wegen des großen Umfangs wird hier nicht näher auf sie eingegangen.

9.2 Oberflächenwasser - Andere Länder

Auch für Oberflächenwasser anderer Länder wurden in der Datenliste zahlreiche Angaben zusammengestellt.

9.3 Sonstige Wässer

Abwasser

Zahlreiche Werte über Tetrachlorethylen in verschiedenen Abwässern sind in der Datenliste zusammengestellt.

Regenwasser

Die Tetrachlorethylen-Konzentrationen im Niederschlagswasser schwanken stark. Einige Angaben sind in der Datenliste wiedergegeben.

---

[1] Datenliste Seite 243-280

Grundwasser

Es liegen eine Reihe sehr unterschiedlicher Angaben über Tetrachlorethylen im Grundwasser vor. Die Konzentrationen bewegen sich zwischen <0,1 bis über 1 000 µg/l.

10. Abfall

Informationen oder Daten über Abfallmengen und -beseitigung von Tetrachlorethylen konnten nicht beschafft werden.

1. IDENTIFIZIERUNG

		LIT.
1.1	<u>CHEMISCHE BEZEICHNUNG</u>	
	T E T R A C H L O R E T H Y L E N	
1.1.1	<u>WEITERE BEZEICHNUNGEN EINSCHL. HANDELSTRIVIAL-</u> <u>BEZEICHNUNGEN</u>	
	Ankilostin	003
	Äthylentetrachlorid	und
	Aethylenum Tetrachloratum	005
	Carbon Bichloride	und
	Carbon Dichloride	009
	Czterochloroetylen	und
	Dichlorure de carbone	014
	Didakene	
	ENT 1,860	
	Ethylene Perchloride	
	Ethylene Tetrachloride	
	Etiline	
	Kohlenstoffdichlorid	
	NCI-CO 4580	
	Nema	
	Per	
	Perawin	
	Perc	
	Perchloorethyleen	
	Perchloräthylen	
	Perchloraethylen	
	Perchlorethylene	
	Perchloroethylene	
	Perchloroetilene	
	Perchlorure d'éthylène	
	Perclene	
	Perklone	
	Persec	

1. IDENTIFIZIERUNG

1.1.1   WEITERE BEZEICHNUNGEN, EINSCHL. HANDELSTRIVIAL-   **LIT.**
        BEZEICHNUNGEN

Sirius 2
Tetracap
Tetrachlooretheen
1,1,2,2-Tetrachloräthylen
Tetrachlorethen, per
Tetrachlorethylene
Tetrachloroetene
Tetrachloroethene
Tetrachloroethylene
1,1,2,2-Tetrachloroethylene
Tetrachlorure d'éthylène
Tetralex
Tetralina
Urania 2
Wacker Per

1. IDENTIFIZIERUNG

1.1.2   CAS-NUMMER   127-18-4   LIT.

1.2   STRUKTUR

1.2.1   STRUKTURFORMEL UND SUMMENFORMEL

C_2Cl_4

$$\begin{array}{c}ClCl\\ \diagdown\diagup\\ C=C\\ \diagup\diagdown\\ ClCl\end{array}$$

1.2.2   MOLEKULARGEWICHT

Relative Molmasse   165,83 g/mol

1.2.3   ABSORPTIONSSPEKTRA (UV, IR, etc.)

2. PHYS.- CHEM. EIGENSCHAFTEN

			LIT.
2.1	SCHMELZPUNKT		
	$\underline{-19\ °C}$		008
	$-22\ °C$		003
2.2	SIEDEPUNKT		
	$\underline{121\ °C}$	bei 760 Torr $\hat{=}\ 101\ 324,72$ Pa	008
	$121,0\ °C$		003
	$121,1\ °C$		011
	$121,2\ °C$		004
2.3	DICHTE		
	$d_4^{20}\ \ 1,6227$		008

2. PHYS.- CHEM. EIGENSCHAFTEN

		LIT.
2.4 DAMPFDRUCK		
14,0 mm Hg $\triangleq$ 1 866,51 Pa	bei 20 °C bei 20 °C	004
19 mbar $\triangleq$ 1 900 Pa	bei 22 °C bei 22 °C	003
10 mm Hg $\triangleq$ 1 333,22 Pa	bei 13,8 °C bei 13,8 °C	008
40 mm Hg $\triangleq$ 5 332,88 Pa	bei 40,1 °C bei 40,1 °C	
100 mm Hg $\triangleq$ 13 332,2 Pa	bei 61,3 °C bei 61,3 °C	
400 mm Hg $\triangleq$ 53 328,8 Pa	bei 100 °C bei 100 °C	
760 mm Hg $\triangleq$ 101 324,72 Pa	bei 120,8 °C bei 120,8 °C	

2. PHYS.- CHEM. EIGENSCHAFTEN

		LIT.
2.5	<u>OBERFLÄCHENSPANNUNG EINER WÄSSERIGEN LÖSUNG</u>	

2.6 <u>WASSERLÖSLICHKEIT</u>

0,1 g/l	bei 20 °C	050
0,1 g/l	bei 25 °C	064
150 ppm (bez. auf Gewicht) bei 20 °C		004
0,015 Gew.-%	bei 25 °C	002 077
0,04 % (w/w)	bei 25 °C	002 065

Mischbarkeit mit Wasser:
sehr geringfügig (0,01 Gewichts-%) 003

2.7 <u>FETTLÖSLICHKEIT</u>

2. PHYS.- CHEM. EIGENSCHAFTEN

		LIT.
2.8	VERTEILUNGSKOEFFIZIENT	
	Verteilungskoeffizient H_2O/Luft bei 20 °C: 1,22 (Menge/Vol.-Einheit)	004
2.9	ZUSÄTZLICHE ANGABEN	
2.9.1	FLAMMPUNKT	
2.9.2	EXPLOSIONSGRENZEN IN LUFT	

2. PHYS.- CHEM. EIGENSCHAFTEN

		LIT.
2.9.3	ZÜNDTEMPERATUR	
2.9.4	ZÜNDGRUPPE (VDE)	
2.9.5	KOMPLEXBILDUNGSFÄHIGKEIT	
2.9.6	DISSOZIATIONSKONSTANTE (pKa-Wert)	

2. PHYS.- CHEM. EIGENSCHAFTEN

		LIT.
2.9.7	STABILITÄT	

2.9.8 HYDROLYSE

Hydrolyse-Halbwertszeit: sehr lang (einige Wochen)		010 088
Halbwertszeit (im Dunkeln)[1]	8,8 Monate	019

2.9.9 KORROSIVITÄT (Redox-Potential)

---

[1] siehe auch Seite 219

2. PHYS.- CHEM. EIGENSCHAFTEN

| | LIT. |

2.9.10   ADSORPTION/DESORPTION

2.9.11   TEILCHENGRÖSSE UND -FORM

2.9.12   VOLATILITÄT

2.9.13   VISKOSITÄT

2. PHYS.- CHEM. EIGENSCHAFTEN

		LIT.
2.9.14	SÄTTIGUNGSKONZENTRATION	
2.9.15	AGGREGATZUSTAND	
	flüssig	003
2.9.16	SONSTIGE ANGABEN	
	Brechungsindex bei 20 °C 1,5053	001
	Dampfdichteverhältnis:	
	5,7 (Luft = 1)	002 084
	5,83	003
	Flüchtigkeit aus Wasser:[1]	002 089
	Abnahme auf 20 km Flußstrecke (Glatt/Schweiz) = 98,3 %	

[1] Originalarbeit ist zu prüfen. Es könnte sich hierbei auch um Abbauvorgänge im Wasser handeln.

2. PHYS.- CHEM. EIGENSCHAFTEN

| 2.9.16 | SONSTIGE ANGABEN | LIT. |

<u>Verflüchtigung aus dem Wasser</u>:

Verflüchtigung aus dem Wasser in die Luft (Feldversuch in der Rinne einer Vorfluteranlage),[1]

Mittelwert: $t_{1/2} = 1,1 \pm 7$ h

LIT.: 103 und 104

---

[1] Die Angaben sind zu überprüfen. Probenahme, Analytik und Dosierung vom VCI übernommen.

3. ANGABEN ZUR VERWENDUNG

			LIT.
3.1	BESTIMMUNGSGEMÄSSE VERWENDUNGSZWECKE		
3.1.1	VERWENDUNGSARTEN		

Verbrauchsspektren

Chemische Reinigung	60 %	067
Metallentfettung	20 %	
Andere	20 %	

[1]

Metallentfettung	60 - 70 %	013
Chemische Reinigung	20 - 30 %	
Extraktion	5 %	
Chemische Umwandlung	5 %	

Photosensitizer	010 / 006
Nematizid	010 / 007
Fettlösemittel, Fleckenwasser	025
Verwendung bei der Metallentfettung und der Synthese von Fluorkohlenwasserstoffen	056

---

[1] grob geschätzt

3. ANGABEN ZUR VERWENDUNG

3.1.1 VERWENDUNGSARTEN | LIT.

Verbrauchsspektren

Bundesrepublik Deutschland

Verbrauch 1976: | 078

Metallentfettung	66 %	69 000 t/Jahr
Chemische Reinigung	24 %	25 000 t/Jahr
Extraktionsmittel	5 %	5 000 t/Jahr
Chemische Umwandlung	5 %	5 000 t/Jahr

Bundesrepublik Deutschland

Ungefähre prozentuale Aufgliederung (offenes System): | 075

Industrie	35 %
Landwirtschaft und Gewerbe	5 %

    Nematizid
    Fleckenreinigungsmittel
    Entfetter
    Photosensitizer

Allgemeinheit   60 %

3. ANGABEN ZUR VERWENDUNG

3.1.1 VERWENDUNGSARTEN | **LIT.**

Verwendung (Metallentfettung) in folgenden Gewerbegruppen: | 012

Eisen- und Stahlerzeugung

1. Hochofen-, Stahl- und Warenwalzwerke
2. Schmiede-, Preß- und Hammerwerke
3. Kaltwalzwerke und Ziehereien
4. Eisen-, Stahl- und Tempergießereien

Metallverarbeitung

1. Metallhütten und -schmelzwerke
2. Edelmetallscheideanstalten
3. Metallhalbzeugwerke
4. Metallgießereien
5. Stahlbau
6. Maschinen- und Apparatebau
7. Schiffbau
8. Straßen- und Luftfahrzeugbau
9. Elektrotechnik
10. Feinmechanik und Optik
11. Eisen-, Stahl-, Blech- und Metallwarengewerbe

3. ANGABEN ZUR VERWENDUNG

		LIT.
3.1.2	ANWENDUNGSBEREICH MIT UNGEFÄHRER AUFGLIEDERUNG	
3.1.2.1	In geschlossenem System	005

......

3.1.2.2 Produzierendes Gewerbe

......

3.1.2.2.1 Industrie.

35 %......

3.1.2.2.2 Handwerk

5 %......

3.1.2.3 Landwirtschaft, Forsten, Fischerei

......

3.1.2.4 Baugewerbe (ohne Handwerk)

......

3.1.2.5 Dienstleistungsgewerbe

60 %......

3.1.2.6 Privater und öffentlicher Verbrauch

......

4. HERSTELLUNG, IMPORT, EXPORT

4.1 GESAMTHERSTELLUNG UND/ODER EINFUHR | LIT.

Bundesrepublik Deutschland

Verbrauch: | 013
1965   58 000 t | 090
1966   67 000 t
1967   71 000 t
1968   79 000 t
1969   83 000 t
1970   83 000 t
1971   89 000 t
1972   85 000 t

Angaben des VCI (Verband der Chemischen Industrie): | 012 093

	1974 (t/Jahr)	1975 (t/Jahr)
Produktion	122 585	118 000
+ Import	3 115	5 240
− Export	77 700	49 300
Verbrauch	48 000	73 940

4. HERSTELLUNG, IMPORT, EXPORT

4.1 GESAMTHERSTELLUNG UND/ODER EINFUHR   LIT.

Bundesrepublik Deutschland

Amtliche Statistik: 012
                                                                                    094

	1974 (t/Jahr)	1975 (t/Jahr)	1976 (t/Jahr)	1977 (t/Jahr)
Produktion	157 494	107 957	116 612	127 759
+ Import	15 244	22 252	24 343	23 488
- Export	47 436	45 616	51 815	52 423
Verbrauch	125 302	84 593	89 140	98 824

	Produktion (t)	darunter zum Absatz bestimmt (t)
1979	126 561	126 270
1980	116 148	115 855
1981	108 210	107 869
1982 1.VJ	–	–
2.VJ	28 661	–
3.VJ	27 833	–
4.VJ	–	–
1982 Summe		

080

Produktion 1980 (als realistisch angenommen)   65 000 t   074

4. HERSTELLUNG, IMPORT, EXPORT

4.1 GESAMTHERSTELLUNG UND/ODER EINFUHR   LIT.

Verbrauch an Perchlorethylen in der Metall-   012
entfettung (Bayern):

Regierungsbezirk Stadt/Landkreis	Verbrauch (t/a)
Oberbayern	3 640,9
Stadt Ingolstadt	401,2
" München	1 968,9
" Rosenheim	44,1
" Altötting	38,1
Berchtesgadener Land	29,2
Bad Tölz/Wolfratshausen	49,9
Dachau	64,3
Ebersberg	50,0
Eichstätt	26,1
Erding	19,1
Freising	95,4
Fürstenfeldbruck	48,7
Garmisch-Partenkirchen	14,7
Landsberg a. Lech	31,6
Miesbach	24,0
Mühldorf a. Inn	48,1
München	257,0
Neuburg-Schrobenhausen	22,6
Pfaffenhofen a.d. Ilm	54,8
Rosenheim	48,4
Starnberg	74,5
Traunstein	133,9
Weilheim-Schongau	95,9

4. HERSTELLUNG, IMPORT, EXPORT

4.1 GESAMTHERSTELLUNG UND/ODER EINFUHR   LIT.

Verbrauch an Perchlorethylen in der Metall-   012
entfettung (Bayern):

Regierungsbezirk Stadt/Landkreis	Verbrauch (t/a)
Niederbayern	805,0
Stadt Landshut	76,8
" Passau	91,2
" Straubing	50,0
Deggendorf	62,1
Freyung-Grafenau	35,5
Kelheim	45,6
Landshut	43,9
Passau	101,4
Regen	40,5
Rottal-Inn	36,5
Straubing-Bogen	18,2
Dingolfing-Landau	203,1
Oberpfalz	750,8
Stadt Amberg	92,3
" Regensburg	192,0
" Weiden	20,5
Amberg-Sulzbach	69,7
Cham	64,5
Neumarkt	58,1
Neustadt	64,5
Regensburg	62,3
Schwandorf	93,2
Tirschenreuth	33,6

4. HERSTELLUNG, IMPORT, EXPORT

4.1 GESAMTHERSTELLUNG UND/ODER EINFUHR LIT.

Verbrauch an Perchlorethylen in der Metall- 012
entfettung (Bayern):

Regierungsbezirk Stadt/Landkreis	Verbrauch (t/a)
Oberfranken	815,6
Stadt Bamberg	132,7
" Bayreuth	61,5
" Coburg	69,7
" Hof	31,7
Bamberg	36,1
Bayreuth	71,7
Coburg	66,2
Forchheim	52,8
Hof	54,5
Kronach	72,5
Kulmbach	33,5
Lichtenfels	46,8
Wunsiedel	80,4
Mittelfranken	2 451,6
Stadt Ansbach	41,5
" Erlangen	470,7
" Fürth	181,7
" Nürnberg	1 114,6
" Schwabach	64,8
Ambach	85,9
Erlangen-Höchstadt	91,9
Fürth	46,3
Nürnberg-Land	166,7
Neustadt-Bad Windsheim	49,3
Roth	65,0
Weissenburg-Gunzenhausen	74,7

4. HERSTELLUNG, IMPORT, EXPORT

4.1 GESAMTHERSTELLUNG UND/ODER EINFUHR | LIT.

Verbrauch an Perchlorethylen in der Metall- | 012
entfettung (Bayern):

Regierungsbezirk Stadt/Landkreis	Verbrauch (t/a)
Unterfranken	1 223,2
Stadt Aschaffenburg	109,2
" Schweinfurt	376,8
" Würzburg	139,6
Aschaffenburg	107,4
Bad Kissingen	50,6
Haßberge	106,8
Kitzingen	78,7
Main-Spessart	44,2
Miltenberg	62,1
Rhön-Grabfeld	90,9
Schweinfurt	17,5
Würzburg	39,6
Schwaben	1 527,8
Stadt Augsburg	433,3
" Kaufbeuren	24,1
" Kempten	64,0
" Memmingen	72,2
Aichach-Friedberg	75,2
Augsburg	99,3
Dillingen	87,5
Günzburg	98,6
Neu-Ulm	179,1
Lindau	48,4
Ostallgäu	92,9
Unterallgäu	50,9
Donau-Ries	124,1
Oberallgäu	78,2

4. HERSTELLUNG, IMPORT, EXPORT

4.1 GESAMTHERSTELLUNG UND/ODER EINFUHR | LIT.

Verbrauch an Perchlorethylen im Anwendungsbereich Chemische Reinigung (Bayern):

012

Regierungsbezirk Stadt/Landkreis	Verbrauch (t/a)
Oberbayern	1 525,1
Stadt Ingolstadt	39,4
" München	870,2
" Rosenheim	27,9
" Altötting	14,7
Berchtesgadener Land	25,4
Bad Tölz/Wolfratshausen	25,4
Dachau	29,5
Ebersberg	11,5
Eichstätt	8,3
Erding	76,9
Freising	15,8
Fürstenfeldbruck	23,3
Garmisch-Partenkirchen	30,8
Landsberg a. Lech	22,2
Miesbach	26,8
Mühldorf a. Inn	29,7
München	72,9
Neuburg-Schrobenhausen	17,7
Pfaffenhofen a.d. Ilm	36,4
Rosenheim	35,1
Starnberg	37,8
Traunstein	26,0
Welheim-Schongau	21,4

4. HERSTELLUNG, IMPORT, EXPORT

4.1 GESAMTHERSTELLUNG UND/ODER EINFUHR | LIT.

Verbrauch an Perchlorethylen im Anwendungsbereich Chemische Reinigung (Bayern): 012

Regierungsbezirk Stadt/Landkreis	Verbrauch (t/a)
Niederbayern	178,2
Stadt Landshut	39,9
" Passau	17,7
" Straubing	25,2
Deggendorf	21,7
Freyung-Grafenau	3,5
Kelheim	14,5
Landshut	2,9
Passau	23,6
Regen	8,6
Rottal-Inn	7,8
Straubing-Begen	2,4
Dingolfing-Landau	10,4
Oberpfalz	272,1
Stadt Amberg	25,4
" Regensburg	97,0
" Weiden	24,6
Amberg-Sulzbach	5,1
Cham	28,4
Neumarkt	9,9
Neustadt	46,6
Regensburg	12,1
Schwandorf	11,5
Tirschenreuth	11,5

4. HERSTELLUNG, IMPORT, EXPORT

4.1 GESAMTHERSTELLUNG UND/ODER EINFUHR

LIT.

Verbrauch an Perchlorethylen im Anwendungsbereich Chemische Reinigung (Bayern):

012

Regierungsbezirk Stadt/Landkreis	Verbrauch (t/a)
Oberfranken	379,3
Stadt Bamberg	73,7
" Bayreuth	54,9
" Coburg	31,3
" Hof	28,7
Bamberg	22,0
Bayreuth	10,2
Coburg	13,4
Forchheim	22,2
Hof	24,4
Kronach	6,2
Kuhnbach	34,3
Lichtenfels	31,9
Wunsiedel	26,2
Mittelfranken	610,2
Stadt Ansbach	26,0
" Erlangen	35,4
" Fürth	39,9
" Nürnberg	314,2
" Schwabach	18,2
Ansbach	30,0
Erlangen-Höchstadt	19,3
Fürth	26,5
Nürnberg-Land	60,0
Neustadt-Bad Windsheim	10,7
Roth	7,8
Weissenburg-Gunzenhausen	22,2

4. HERSTELLUNG, IMPORT, EXPORT

4.1 GESAMTHERSTELLUNG UND/ODER EINFUHR LIT.

Verbrauch an Perchlorethylen im Anwendungs- 012
bereich Chemische Reinigung (Bayern):

Regierungsbezirk Stadt/Landkreis	Verbrauch (t/a)
Unterfranken	469,8
Stadt Aschaffenburg	18,5
" Schweinfurt	62,9
" Würzburg	138,2
Aschaffenburg	28,7
Bad Kissingen	29,2
Haßberge	27,3
Kitzingen	5,1
Main-Spessart	25,2
Miltenberg	60,8
Rhön-Grabfeld	20,9
Schweinfurt	25,2
Würzburg	27,9
Schwaben	515,3
Stadt Augsburg	128,3
" Kaufbeuren	13,1
" Kempten	32,1
" Memmingen	31,6
Aichach-Friedberg	10,7
Augsburg	44,7
Dillingen	9,9
Günzburg	30,0
Neu-Ulm	51,4
Lindau	19,3
Ostallgäu	17,1
Unterallgäu	28,4
Donau-Ries	22,2
Oberallgäu	76,3

4. HERSTELLUNG, IMPORT, EXPORT

			LIT.
4.1	GESAMTHERSTELLUNG UND/ODER EINFUHR		
	Gesamtverbrauch (berichtet 1980):		012
	Oberbayern	5 165,6 t/a	
	Niederbayern	983,0 t/a	
	Oberpfalz	1 022,8 t/a	
	Oberfranken	1 194,8 t/a	
	Mittelfranken	3 061,8 t/a	
	Unterfranken	1 693,2 t/a	
	Schwaben	2 043,1 t/a	

4. HERSTELLUNG, IMPORT, EXPORT

		LIT.
4.2	HERGESTELLTE MENGE IN DER EG (Gesamt)	
	Produktion 1978 286 000 t	005
4.3	HERGESTELLTE MENGE IN DEN EINZELNEN EG-LÄNDERN (oder: Länder, die den Stoff herstellen)	
	Belgien Bundesrepublik Deutschland England Frankreich Italien **Niederlande**	005

4. HERSTELLUNG, IMPORT, EXPORT

4.4 WESTEUROPA

Jahr	Jährliche Prod. (t)	Import (t)	Export (t)	LIT.
1977	-	8 000	47 000	067
1978	315 000	5 000	37 000	
1979	··280 000	11 000	28 000	
1980	-	16 000	25 000	

Verbrauch 067

1978	265 000 t
1979	245 000 t
1980	215 000 t

4. HERSTELLUNG, IMPORT, EXPORT

4.5 USA

LIT.

Jahr	Produktion (t)
1963	147 000
1964	166 000
1965	195 000
1966	210 000
1967	242 000
1968	289 000
1969	288 000
1970	321 000
1971	320 000
1972	333 000
1973	320 000
1974	331 000
1975	308 000
1976	303 000
1977	301 000
1978	333 000
1979	350 000
1980	347 000

067

4. HERSTELLUNG, IMPORT, EXPORT

4.5 USA LIT.

Produktion und Verkauf 067

Jahr	Jährliche Prod. (t)	Verkauf (t)
1960	94 982,3	84 912,5
1961	102 103,7	102 239,7
1962	145 376,4	139 570,4
1963	147 462,9	126 144,0
1964	165 878,8	152 225,6
1965	194 772,6	174 633,1
1966	209 877,2	192 686,1
1967	241 764,8	212 598,8
1968	288 711,6	257 186,9
1969	288 167,3	277 417,1
1970	320 644,5	290 389,9
1971	319 646,6	296 604,1
1972	333 027,6	332 211,1
1973	320 145,5	333 118,3
1974	333 118,3	321 506,3
1975	308 034,6	267 302,0
1976	303 408,0	259 681,7
1977	301 230,7[1]	239 043,2
1978	333 390,4[2]	249 067,6
1979	350 626,9	291 750,7
1980	347 134,3	268 118,5

[1] Laut Lit. 067 wurde aufgrund eines Druckfehlers der Wert fälschlicherweise in der USITC-Publikation, Synthetic Organic Chemicals, U.S. Production and Sales, als 614,1 Mill lb ($\triangleq$ 278 551,1 t) angegeben.

[2] Laut Lit. 067 wird von dem mitgeteilten Wert von 725,5 Mill lb ($\triangleq$ 329 081,3 t) angenommen, daß er aufgrund zu geringer Angaben eines Herstellers zu niedrig ist.

4. HERSTELLUNG, IMPORT, EXPORT

4.5 USA

Verbrauch
(Produktion plus Import minus Export)

Jahr	Verbrauch (t)
1971	283 000
1972	297 000
1973	304 000
1974	331 000
1975	301 000
1976	309 000
1977	307 000
1978	322 000
1979	319 000
1980	329 000

LIT.

067

4. HERSTELLUNG, IMPORT, EXPORT

4.6 JAPAN

Produktion   LIT. 067

Jahr	Jährliche Prod. (t)	Import (t)	Export (t)
1972	55 000	-	-
1973	54 000	-	-
1974	53 000	-	-
1975	48 000	-	-
1976	50 000	-	-
1977	54 000	1 100	2 200
1978	50 000	2 900	1 300
1979	55 000	14 200	1 400
1980	64 000	10 200	2 000

Verbrauch   067

1975	44 000 t
1977	51 000 t
1979	62 000 t

4.7 WELTPRODUKTION

		LIT.
Geschätzte Weltproduktion (1973)	1 050 000 t	004
Weltproduktion (Bericht 1982)	750 000 t/a	075

5. TOXIKOLOGIE

5.1 MAXIMALE ARBEITSPLATZKONZENTRATIONEN

Bundesrepublik Deutschland 1983

MAK	
ml/m^3 (ppm)	mg/m^3
50	345

LIT.

083

6. ÖKOTOXIKOLOGIE

		LIT.
6.1	AUSWIRKUNGEN AUF ORGANISMEN	
6.1.1	FISCHE	
	LC_{50} , 96 h, Limanda limanda 5 mg/l	032
	Bereiche der akuten ca.-Toxizität für: kaltblütige Wirbeltiere 1 - 100 mg/l	054

6. ÖKOTOXIKOLOGIE

6.1.2 DAPHNIEN

			LIT.
EC_0	*Daphnia magna^1	65 mg/l	022
EC_{50}	*Daphnia magna^{1,2}	147 mg/l	
EC_{100}	*Daphnia magna^1	250 mg/l	

---

[1] bezeichneter Effekt: Schwimmfähigkeit
[2] Vertrauensbereich P 95 %: 123 - 176 mg/l
* In den OECD-Richtlinien angegebener Test-Organismus

6. ÖKOTOXIKOLOGIE

		LIT.
6.1.3	**ALGEN**	
	EC_{50} einzellige Algen 10,5 mg/l	032
6.1.4	**MIKROORGANISMEN**	
	Toxizität auf Anaerobier im Klärschlamm: 20,0 mg/l	018 020
	Abnahme der Gasproduktion von aktiviertem Schlamm[1] zu 92 % durch 1 775 mg Perchlorethylen pro kg Schlamm (Trockengewicht)[2].	002 071

---

[1] Belebtschlamm

[2] Diese Aussage betrifft auch den biotischen Abbau (7.2.1).

6. ÖKOTOXIKOLOGIE

		LIT.
6.1.5 <u>WASSERPFLANZEN UND SONSTIGE ORGANISMEN</u>		
LC_{50}, 48 h, Nauplien[1] von Elminius modestus	3,5 mg/l	032

---

[1] Larvenstadium bei Crustaceen

7. ELIMINATION - ABBAU - PERSISTENZ

7.1 ELIMINATION

Quantitative Analyse durch GC-MS, Wasserwerk (B) am Rhein (27.11.75 - 20.1.76):

Rheinwasser[1]   750 ng/l $\hat{=}$ 0,75 µg/l

Uferfiltrat ohne Chlorung   840 ng/l $\hat{=}$ 0,84 µg/l

Rohwasser gechlort[2]   1 500 ng/l $\hat{=}$ 1,5 µg/l

Reinfiltrat ohne Chlorung[3] 220 ng/l $\hat{=}$ 0,22 µg/l

LIT. 042

---

[1] Rheinwasser, Direktentnahme

[2] Uferfiltrat gechlort mit 1 - 2 mg Cl_2/l; Verweilzeit ca. 3 Std. und 40 % Chlorzehrung

[3] Reinfiltrat, Entnahme nach AK-Filter; Laufzeit des Filters ca. 2 Monate (20 m^3/kg)

7. ELIMINATION – ABBAU – PERSISTENZ

7.1 ELIMINATION | LIT.

Quantitative Analyse durch GC-MS, Wasserwerk (C) am Rhein (27.11.75 - 20.1.76): | 042

Rhein[1]   1 500 ng/l $\hat{=}$ 1,5 µg/l

Uferfiltrat[2]   > 500 ng/l $\hat{=}$ >0,5 µg/l

Rohwasser, ozont   1 000 ng/l $\hat{=}$ 1,0 µg/l
und filtriert[3]

Trinkwasser[4]   180 ng/l $\hat{=}$ 0,18 µg/l

---

[1] Rheinwasser, direkte Entnahme

[2] Uferfiltrat, von dem ein kleiner Teil mit ca. 1 mg/l Chlor vorbehandelt ist. Infolge einer Verweilzeit von mehreren Stunden findet eine totale Chlorzehrung statt.

[3] Rohwasser, ozont und filtriert. Das Wasser ist mit 2 mg/l Ozon behandelt (Verweilzeit ca. 15 Minuten), mit einer Entmanganung im nachfolgenden Kiesfilter.

[4] Trinkwasser ungechlort. Die Probe ist nach dem AK-Filter entnommen. Das Filter ist bereits 4mal regeneriert (Durchsatz 65 m³/kg, Laufzeit 5 Monate)

7. ELIMINATION – ABBAU – PERSISTENZ

7.1 ELIMINATION

Trinkwasseraufbereitung in einem Wasserwerk am Niederrhein:

Rohwasser	1,1 µg/l
Uferfiltrat	0,7 µg/l
nach Ozonung	0,3 µg/l
nach Aktivkohlefilter	0,05 µg/l
Trinkwasser, gechlort (0,2 mg Cl/l)	0,06 µg/l

LIT. 016

7. ELIMINATION – ABBAU – PERSISTENZ

7.2.1 BIOTISCHER ABBAU

LIT.

026

Anaerober Abbau von Tetrachlorethylen in Anwesenheit von Methan-Bakterien:

Zeit	hohe Konz. ($\mu g/l$)	mittlere Konz. ($\mu g/l$)	niedrige Konz. ($\mu g/l$)
	Kontrollen		
0. Woche	176	36	17
6. Woche	110	44	12
12. Woche	99	32	10
16. Woche	88	33	10
	geimpfte Kulturen		
2. Woche	130	32	10
4. Woche	93	35	11
8. Woche	133	54	16
12. Woche	68	24	5
16. Woche	56	20	7

Zum biotischen Abbau siehe auch Seite 213, Lit. 002.

7. ELIMINATION - ABBAU - PERSISTENZ

7.2.2 ABIOTISCHER ABBAU

	LIT.
Persistenzgruppe 4 (Persistenz 2 - 18 Monate in unadaptierten Böden)	002 059

Zersetzungsraten in belüftetem Wasser bei Dunkelheit und in Anwesenheit von Sonnenlicht:[1]

LIT. 019

	0 Mon. (ppm)	6 Mon. (ppm)	12 Mon. (ppm)	$t_{1/2}$ [2] (Monate)
Dunkelheit	1,00	0,63	0,35 0,41	8,8
Licht	1,00	0,52	0,24 0,25	

	LIT.
Troposphärische Halbwertszeit 12 Wochen	032
Physiko-chemischer Abbau: Halbwertszeit im Wasser wird auf etwa 6 Jahre geschätzt	004

---

[1] siehe auch Seite 185, Hydrolyse-Halbwertszeit
[2] "calculated on the assumption of a first order reaction"

7. ELIMINATION – ABBAU – PERSISTENZ

7.2.2 ABIOTISCHER ABBAU | LIT.

Troposphärische Halbwertsdauer bezüglich der
Reaktion mit OH-Radikalen:

K_{OH} (cm^3 Molekül^{-1} s^{-1})	τ_{OH}^{1} (Tage)
$1,7 \times 10^{-13}$	47,0

091

Photolyse tritt im aquatischen System wahrscheinlich nicht auf.

081

---

[1] Für die Berechnung der Halbwertslebensdauer wurde eine OH-Konzentration von 1×10^6 Moleküle/cm^3 angenommen.

7. ELIMINATION - ABBAU - PERSISTENZ

7.2.3   ABBAUPRODUKTE

LIT.

8. AKKUMULATION

8.1 VORKOMMEN IN ORGANISMEN

LIT.

032

Vorkommen in Meeresorganismen in England (1975):

Art	Herkunft	Konzentration µg/kg (FG)
Invertebraten:		
Plankton	Liverpool Bay	0,05 - 0,5
Plankton	Torbay	2,3
Nereis diversicolor	Mersey Estuary	2,9
Mytilus edulis	Liverpool Bay	1,3 - 6,4
	Firth of Forth	9
	Thames Estuary	1
Cerastoderma edule	Liverpool Bay	2 - 3
Ostrea edulis	Thames Estuary	0,5
Buccinum undatum	Thames Estuary	1
Crepidula fornicata	Thames Estuary	2

8. AKKUMULATION

8.1 VORKOMMEN IN ORGANISMEN

LIT.

032

Fortsetzung Tabelle

Art	Herkunft	Konzentration µg/kg (FG)
Cancer pagurus	Tees Bay	2,3
	Liverpool Bay	8 - 9
	Firth of Forth	7
Carcinus maenas	Firth of Forth	6
Eupagurus bernhardus	Firth of Forth	15
	Thames Estuary	2
Crangon crangon	Firth of Forth	3
Asterias rubens	Thames Estuary	1
Solaster sp.	Thames Estuary	2
Echinus esculentus	Thames Estuary	1

8. AKKUMULATION

8.1 VORKOMMEN IN ORGANISMEN   LIT.

                                                                032

Fortsetzung Tabelle

Art	Herkunft	Konzentration µg/kg (FG)
Meeresalgen:		
Enteromorpha compressa	Mersey Estuary	14 - 14,5
Ulva lactuca	Mersey Estuary	22
Fucus vesiculosus	Mersey Estuary	13 - 20
Fucus serratus	Mersey Estuary	15
Fucus spiralis	Mersey Estuary	13
Fische:		
Raja clavata flesh	Liverpool Bay	0,3 - 8
liver	Liverpool Bay	14 - 41
Pleuronectes platessa flesh	Liverpool Bay	4 - 8
liver	Liverpool Bay	11 - 28

8. AKKUMULATION

8.1 VORKOMMEN IN ORGANISMEN

LIT. 032

Fortsetzung Tabelle

Art		Herkunft	Konzentration µg/kg (FG)
Platichthys flesus	flesh	Liverpool Bay	2
	liver	Liverpool Bay	1
Limanda limanda	flesh	Liverpool Bay	1,5 - 11
	liver	Liverpool Bay	15 - 30
Scomber scombrus	flesh	Liverpool Bay	1
	liver	Liverpool Bay	ND
Limanda limanda	flesh	Redcar, Yorks	5,1
	flesh	Thames Estuary	3
Pleuronectes platessa	flesh	Thames Estuary	3
Solea solea	flesh	Thames Estuary	4
	guts	Thames Estuary	1

ND = nicht nachweisbar

8. AKKUMULATION

8.1 VORKOMMEN IN ORGANISMEN

Fortsetzung Tabelle:

Art		Herkunft	Konzentration $\mu g/kg$ (FG)
Aspitrigla cuculus	flesh	Thames Estuary	1
	guts	Thames Estuary	2
Trachurus trachurus	flesh	Thames Estuary	4
Trisopterus luscus	flesh	Thames Estuary	2
Squalus acanthias	flesh	Thames Estuary	1
Scomber scombrus	flesh	Torbay, Devon	ND
Clupea sprattus	flesh	Torbay, Devon	1,6
Gadus morrhua	flesh	Torbay, Devon	< 0,1
	air bladder	Torbay, Devon	3,6

ND = nicht nachweisbar

LIT. 032

8. AKKUMULATION

8.1 VORKOMMEN

Fortsetzung Tabelle:

Art		Herkunft	Konzentration $\mu g/kg$ (FG)
Meeres- und Süßwasservögel:			
Sula bassana	liver	Irish Sea	1,5 - 3,2
	eggs	Irish Sea	4,5 - 26
Phalacrocorax aristotelis	eggs	Irish Sea	1,4
Alca torda	eggs	Irish Sea	32 - 39
Uria aalge	eggs	Irish Sea	19 - 29
Rissa tridactyla	eggs	North Sea	25
Cygnus olor	liver	Frodsham Marsh	1,9
	kidney	(Merseyside)	6,4

LIT. 032

8. AKKUMULATION

8.1 VORKOMMEN

LIT.
032

Fortsetzung Tabelle:

Art		Herkunft	Konzentration µg/kg (FG)
Gallinula chloropus	liver	(Merseyside)	3,1
	muscle	(Merseyside)	0,7
	eggs	(Merseyside)	1,3 - 2,5
Anas platyrhynchos	eggs	(Merseyside)	1,9 - 4,5
Säugetiere:			
Halichoerus grypus	blubber	Farne Is.	0,6 - 19
	liver	Farne Is.	0 - 3,2
Sorex araneus		Frodsham Marsh	1

8. AKKUMULATION

8.1 VORKOMMEN IN ORGANISMEN

LIT.

032

Akkumulation bei Limanda limanda (berichtet 1975):[1]

analys. Gewebe	Expositions- dauer (Tage)	mittlere Konz. bei Exposition (mg/l)	mittlere Konz. in Geweben (mg/kg)	Akkumula- tionsfaktor
Fleisch	3 - 35	0,3	$2,8^2$ $(13)^4$	x 9
Leber	3 - 35	0,3	113 (14)	x 400
Fleisch	3 - 35	0,03	0,16 (9)	x 5
Leber	3 - 35	0,03	$7,4^3$ (9)	x 200
Fleisch	10	0,2	1,3 (7)	x 6
Leber	10	0,2	69 (7)	x 350

[1] Es geht nicht hervor, ob es sich um FG oder TG handelt.
[2] Ein Fisch hatte eine sehr hohe Konzentration im Fleisch, $28,7/10^6$, und wurde für die Berechnung dieses Mittelwertes nicht berücksichtigt.
[3] Ein Fisch hatte eine sehr hohe Konzentration im Fleisch, $50,3/10^6$, und wurde für die Berechnung dieses Mittelwertes nicht berücksichtigt.
[4] Zahlen in Klammern bedeuten Anzahl der untersuchten Proben.

8. AKKUMULATION

8.1 VORKOMMEN IN ORGANISMEN

Vorkommen im menschlichen Gewebe (Konz. in µg/kg, Naßgewebe):

LIT. 004

Alter der Person	Geschlecht	Gewebeart	Konzentration
76	w	Körperfett	6
		Niere	< 0,5
		Leber	< 0,5
		Gehirn	< 0,5
76	w	Körperfett	1
		Niere	6
		Leber	2
		Gehirn	< 5
82	w	Körperfett	0,4
		Leber	1,2
48	m	Körperfett	0,8
		Leber	0,7
65	m	Körperfett	21
		Leber	3,4
75	m	Körperfett	29,2
		Leber	4,3
66	m	Körperfett	0,5
74	w	Körperfett	4

8. AKKUMULATION

8.1 VORKOMMEN IN ORGANISMEN

	LIT.
Logarithmus des Biokonzentrationsfaktors in der Forelle: 1,59	021

8. AKKUMULATION

8.2 SONSTIGES VORKOMMEN

Vorkommen in Nahrungsmitteln (Konzentration in $\mu g/kg$; berichtet 1975)[1]:

LIT. 004

Molkereiprodukte

Frischmilch	0,3
Frischkäse	2
Englische Butter	13
Hühnereier	ND

Fleisch

Englisches Rindfleisch (Steak)	0,9
Englisches Rindfleisch (Fett)	0,9
Schweineleber	5

Öle und Fette

Margarine	7
Spanisches Olivenöl	7
Lebertran	2
Pflanzliches Speiseöl	0,01
Rizinusöl	3

Getränke

Fruchtsaft in Dosen	2
Helles Bier	ND
Orangensaft in Dosen	ND
Instant-Kaffee	3
Tee (Päckchen)	3
Jugoslawischer Wein	ND

ND = nicht aufgefunden

[1] Es geht nicht hervor, ob es sich um FG oder TG handelt.

8. AKKUMULATION

8.2 SONSTIGES VORKOMMEN | LIT.

Fortsetzung Tabelle | 004

<u>Obst und Gemüse</u>

Kartoffeln (Süd-Wales)	ND
Kartoffeln (NW-England)	0,7
Äpfel	2
Birnen	2
Tomaten[1]	1,2
Schwarze Trauben (importiert)	ND
Frisches Brot	1

ND = nicht aufgefunden

---

[1] Die Tomatenpflanzen wurden in einer urbar gemachten Lagune der Runcornwerke der ICI angebaut.

8. AKKUMULATION

8.2 SONSTIGES VORKOMMEN LIT.

Konzentrationen (μg/kg) in Lebensmitteln aus Bochumer Geschäften (1977/1978):

060

Lebensmittel	Proben-zahl	Mittel-wert	Maxi-mum	Mini-mum
Obst, Gemüse	8	0,3	0,9	nn
Kaffee, entcoffeiniert	6	8,0	13,2	3,0
Saft-Getränke	34	<0,1	0,7	nn
Zucker	3	0,3	0,3	0,3
Mehl	13	5,0	13,0	nn
Brot	5	6,9	14,0	nn
Toast	3	0,8	1,0	nn
Mehl/Stärke-produkte	8	4,4	12,0	nn
Kartoffeln	6	1,0	1,0	nn
Kartoffel-Produkte	7	2,3	5,0	1,0
Olivenöl	3	1,4	1,9	1,2
Pflanzenöl	3	nn	nn	nn
Margarine	1	0,1	-	-
Butter	1	0,1	-	-
Lebertran	1	0,2	-	-
Ei (ganz)	10	2,8	7,9	0,1
Milch	12	0,1	0,3	nn

nn = nicht nachweisbar

8. AKKUMULATION

8.2 SONSTIGES VORKOMMEN

Konzentrationen ($\mu g/kg$) in Lebensmitteln aus Bochumer Geschäften (1977/1978):

LIT. 060

Lebensmittel	Probenzahl	Mittelwert	Maximum	Minimum
Milchprodukte mit Früchten	12	0,4	2,3	nn
Kondensmilch	3	0,2	0,2	nn
H-Milch	3	0,2	0,4	0,1
Buttermilch	3	0,1	0,3	<0,1
Kefir	3	-	1,5	nn
Quark	3	<0,1	<0,1	nn
Joghurt, nat.	2	<0,1	<0,1	nn
Joghurt, Zitr.	1	0,1		
Käse	2	0,5		
Hühnerfleisch	1	3,0		
Rindfleisch	2	-	0,7	nn
Gehacktes (Rind)	7	2,5	9,0	nn
Schweinefleisch	3	5,3	10,0	1,0
Schweineleber	3	2,2	4,3	nn
Schweinespeck	3	8,0	17,0	nn
Schweineschnitzel	1	27,0		
Wurst	12	102,8	198	2,0
Fische, Muscheln	4	0,3	0,4	0,2
Tier-Futtermittel	5	3,3	4,7	nn

nn = nicht nachgewiesen

8. AKKUMULATION

		LIT.
8.2	SONSTIGES VORKOMMEN	
	Konzentrationen in Geflügel und Eiern, Bundesrepublik Deutschland (berichtet 1981):	055
	unter 100 µg/kg Eier 25 St. Geflügel 3 St.	
	100 - 500 µg/kg Eier 3 St. Geflügel 1 St.	
	501 - 1 000 µg/kg Eier 1 St. Geflügel -	
	Butter 13 µg/kg	004

8. AKKUMULATION

8.2 SONSTIGES VORKOMMEN

Kontamination der Luft durch Tetrachlorethylen (Bundesrepublik Deutschland):

Stadtrand	11,9 µg/m³	(Frankfurt)
	4,1 µg/m³	(Dahlem)[1]
Industriegebiet	13,1 µg/m³	(Frankfurt)
	16,1 µg/m³	
	5,3 µg/m³	(Berlin, Wasserwerk)
Verkehrsreiche Zone	13,1 µg/m³	(Autobahn bei Frankfurt)
	27,4 µg/m³	(City Frankfurt)
	11,8 µg/m³	(Steglitz Berlin)

LIT. 057 101 102

---

[1] Berlin

8. AKKUMULATION

8.2 SONSTIGES VORKOMMEN

Bodenluftkonzentrationen (in $\mu g/m^3$) in Böden des Schwarzwaldes:

LIT. 098

Bodentiefe cm	Höhe über NN	West-Abdachung
15	(Rheinniveau)	8,6
30		12,8
80		9,1
15	um 300 m	38
30		42
80		39
15	um 500 m	96
30		112
80		98

Bodentiefe cm	Höhe über NN	Ost-Abdachung
15	< 200 m	5,2
30		7,1
80		5,6
15	um 300 m	13,9
30		15,2
80		14,2
15	um 500 m	17,9
30		21,5
80		18,2

8. AKKUMULATION

8.2 SONSTIGES VORKOMMEN | LIT.

Bodenluftkonzentrationen im Rhein-Main-Gebiet: | 098

1. Forst- und landwirtschaftlich genutzte
Flächen abseits von Industrie und Gewerbe:

$$1 - 12 \, \mu g/m^3$$

Mittel über alle Bohrtiefen: $5,9 \, \mu g/m^3$

2. Forst- und landwirtschaftlich genutzte
Flächen im weiteren Beeinflussungsbereich
von Industrie und Gewerbe:

$$8 - 30 \, \mu g/m^3$$

Mittel über alle Bohrtiefen: $18,7 \, \mu g/m^3$

3. Unmittelbar durch Industrie und Gewerbe
beeinflußte Flächen - in der Regel Siedlungsflächen:

$$50 - 350 \, \mu g/m^3$$

Mittel über alle Bohrtiefen: $198 \, \mu g/m^3$

Arbeitsluft nach Ausblasen von Reinigungsmaschinen enthält 20 - 100 mg/m^3 (Grenzwert in NRW: 200 mg/m^3). | 002 072

Nachgewiesen in Flußschlamm, England | 002 069

Rhein-Sediment[1] 2 - 300 μg/kg | 015

---

[1] Es geht nicht hervor, ob es sich um FG oder TG handelt.

8. AKKUMULATION

8.2 SONSTIGES VORKOMMEN

LIT. 105

Wasser-Längsprofile Jan.-Sep. 81 und Sediment-Längsprofil 81 der Elbe sowie Anreicherungsfaktoren im Sediment bezogen auf das Trocken- bzw. Feuchtgewicht in Abhängigkeit von dem Silt- und Ton-Anteil der Proben:

MITTELWERTE

Abschnitt	Wasser		Sediment (Silt und Ton-Anteil %)					
			< 25 %		> 25 %		> 50 %	
	n	(µg/l)	n	(µg/kg)	n	(µg/kg)	n	(µg/kg)
bis Geesthacht	28	0,567	13	0,3	8	0,3	9	0,6
bis Wedel	52	0,469	12	0,4	9	0,9	6	2,2
bis Scharhörn	84	0,295	23	0,3	15	0,3	7	0,5

ANREICHERUNGSFAKTOREN

Abschnitt	Sediment (Silt und Ton-Anteil %)					
	< 25 %		> 25 %		> 50 %	
	tr.	f.	tr.	f.	tr.	f.
bis Geesthacht	0,6	0,4	0,6	0,2	1,1	0,4
bis Wedel	0,8	0,6	1,9	0,9	4,6	1,6
bis Scharhörn	1,0	0,8	0,8	0,5	1,7	1,0

tr. = trocken   f. = feucht

8. AKKUMULATION

8.2 SONSTIGES VORKOMMEN

Wasser-Längsprofile Jan.- Sep. 81 und Sediment-Längsprofil 81 der Elbe sowie Anreicherungsfaktoren im Sediment bezogen auf das Trocken- bzw. Feuchtgewicht in Abhängigkeit von dem organischen Anteil (Glühverlust) der Proben:

MITTELWERTE

Abschnitt	Wasser		Sediment (Glühverlust-Anteil %)					
			< 5 %		> 5 %		> 10 %	
	n (μg/l)		n (μg/kg)		n (μg/kg)		n (μg/kg)	
bis Geesthacht	28	0,567	11	0,3	4	0,6	15	0,5
bis Wedel	52	0,469	12	0,4			15	1,4
bis Scharhörn	84	0,295	26	0,3	16	0,4	3	0,4

ANREICHERUNGSFAKTOREN

Abschnitt	Sediment (Glühverlust-Anteil %)					
	< 5 %		> 5 %		> 10 %	
	tr.	f.	tr.	f.	tr.	f.
bis Geesthacht	0,5	0,4	1,0	0,4	0,9	0,3
bis Wedel	0,8	0,6			3,0	1,1
bis Scharhörn	0,9	0,7	1,2	0,8	1,2	0,7

tr. = trocken   f. = feucht

LIT.

105

8. AKKUMULATION

		LIT.
8.2	SONSTIGES VORKOMMEN	

Konzentrationen in Flußsedimenten und Faulschlämmen von Kläranlagen (berichtet 1973):[1]   064

Gewässerschlämme aus der Ruhr
- bei Meschede   4 µg/l
- bei Langschede   10 µg/l
- bei Mülheim/Wasserbhf.   78 µg/l
- bei Mülheim/Raffelberg   48 µg/l

Kläranlagen-Faulschlämme
1   50   mg/l
2   < 0,1   mg/l
3   < 0,1   mg/l

Faulschlamm (1973)[1,2]   0,021 mg/kg   073
Kläranlage Minworth   099

Belebtschlamm (1973)[1,2]   0,011 mg/kg
Kläranlage Davyhulme

Rohschlamm (1973)[1,2]   0,008 - 0,121 mg/kg
Kläranlage Countess Wear

Rohschlamm (1973)[1,2]   0,046 mg/kg
Kläranlage Saltford

Rohschlamm (1973)[1,2]   0,013 mg/kg
Kläranlage Ryemeads

Rohschlamm (1973)[1,2]   0,021 mg/kg
Kläranlage Minworth

Rohschlamm (1973)[1,2]   0,316 mg/kg
Kläranlage Davyhulme

---

[1] Es geht nicht hervor, ob sich die Angaben auf FG oder TG beziehen.
[2] Analytik: GLC

9. KONZENTRATION IM WASSER

9.1 OBERFLÄCHENWASSER

		LIT.
Rhein (Nordrhein-Westfalen)	0,1 - 10 µg/l	015
Nebenflüsse des Rheins (Nordrhein-Westfalen)	0,1 - 20 µg/l	
Rhein bei Duisburg	1,7 µg/l	064
Rhein bei Ochten	25 µg/l	066
Rhein, Mittelwerte (1974/1975):[1]		013
Rhein-km 415 (oberhalb Ludwigshafen)	1 µg/l	
Rhein-km 793/852 (unterhalb Krefeld/Landesgrenze)	2 µg/l	

Rhein, mittlere Konzentrationen von 4-6 Einzelproben: 097

Entnahmestellen

Reckingen	0,09 mg/m³
Klingau (Aare)	0,14 mg/m³
Albbruck	0,14 mg/m³
Basel	0,63 mg/m³
Schwörstadt, Rhein rechts	0,28 mg/m³
Fähre Whylen, Rhein rechts	0,48 mg/m³
Basel, Rhein rechts	0,65 mg/m³

Nachgewiesen im Rhein bei Rotterdam.   066

---

[1] Messungen einer VCI-Arbeitsgruppe

9. KONZENTRATION IM WASSER

9.1 OBERFLÄCHENWASSER

LIT. 057

Rhein Oberlauf
- Bodensee   0,05 µg/l
- ab Basel   1,0 µg/l

Rhein Mittellauf
- etwa Mainz   0,6 µg/l
- etwa Koblenz   1,1 µg/l

Rhein Unterlauf
- etwa Düsseldorf   0,9-1,1 µg/l
- etwa Duisburg   0,3-0,5 µg/l
- Grenze Holland   11,5 µg/l

Rhein/Nebenflüsse
- Main   1,8 µg/l
- Untermain   20 µg/l
- Ruhr   1,8 µg/l
- Neckar   0,2 µg/l

Sonstige Flüsse in der Bundesrepublik Deutschland   2,0 µg/l

9. KONZENTRATION IM WASSER

9.1 OBERFLÄCHENWASSER

Vorkommen im Rhein (1980)

LIT. 017

Strom-km	Konz.[1] (μg/l)	Strom-km	Konz.[1] (μg/l)
680	0,5	793	0,6
686	0,3	795	0,8
689	0,6	797	0,7
690	0,5	798	0,2
694	0,6	800	0,9
700	0,8	810	0,2
702	0,2	813	0,2
704	1,2	815	0,4
709	1,0	820	0,9
710	0,5	830	0,6
712	0,4	840	1,0
715	0,3	850	1,2
720	0,7	860	0,8
730	0,7	870	1,0
740	0,4	880	0,9
750	0,8	890	1,0
760	1,4	900	0,8
767	1,2	910	0,3
768	1,1	920	0,8
770	1,1	930	0,8
772	-	940	0,6
775	0,8	950	0,8
778	0,8	960	0,5
780	0,8	970	0,5
782	0,5	980	0,6
785	0,5	990	0,2
789	0,7	1 000	0,5
790	0,7	1 010	0,7
		1 020	0,5
792	1,1	1 030	0,5

[1] in unfiltrierter Probe gemessen

9. KONZENTRATION IM WASSER

9.1 OBERFLÄCHENWASSER

Konzentrationen (μg/l) im Rheinwasser an verschiedenen Probenahmestellen (1979):

LIT.

046

Probenahme-stelle Rhein-km	Monate					
	Mai	Juni	Juli	Aug.	Sept.	Okt.
640	0,2	0,1	0,8	0,2	0,07	0,1
698	0,2	0,09	0,5	0,2	0,07	0,2
729	0,3	0,3	0,8	0,5	0,02	0,3
776	1,6	0,3	0,5	0,3	0,05	0,3
865	0,2	0,2	0,3	0,3	0,1	0,09
Lippe	2,0	1,3	2,6	1,7	1,1	0,3
Emscher	4,0	2,6	8,1	3,2	1,6	0,5
Ruhr	0,6	0,2	0,2	0,4	0,1	0,3
Wupper	1,1	0,5	8,8	1,5	1,3	0,7
Sieg	0,3	0,7	2,8	1,0	0,2	0,8

Konzentrationen in Rohwasser an drei Stellen des Rheins (berichtet 1978):

Basel	0,3 mg/m^3
Köln	0,8 mg/m^3
Duisburg	1,5 mg/m^3

037

9. KONZENTRATION IM WASSER

9.1 OBERFLÄCHENWASSER

Bundesrepublik Deutschland

		LIT.
Ruhr/Mülheim	0,9 µg/l	064
Ruhr/Mülheim	0,7 µg/l	
Bayerische Gewässer		013 092
- Isar bei Scharnitz (Landesgrenze)	0,015 µg/l	
- Isar bei Wolfratshausen	1,1/0,5/0,1 µg/l	
- Isar in München	0,5/0,7 µg/l	
- Isar, Stauwehr Hirschau, München	1,9/2,3 µg/l	
- Mittlerer Isarkanal vor Stausee Landshut	0,2 µg/l	
- Mittlerer Isarkanal nach Stausee Landshut	1,5 µg/l	
- Starnberger See, Ammerland	0,2/0,2 µg/l	
- Lerchenauer See, München	2,0/2,7 µg/l	
- Salzach, Stadt Burghausen	1,7/1,9/1,0 0,7/0,1 µg/l	

9. KONZENTRATION IM WASSER

9.1 OBERFLÄCHENWASSER

Bundesrepublik Deutschland

Konzentrationen in Oberflächenfließgewässern (1978-1979):   098

Anzahl der Wasserproben	Einzugsbereich	Mittel	Min. (μg/l)	Max.
65	Taunus	2,7	< 0,1	13,7
28	Vogelsberg	2,1	< 0,1	6,2
47	Spessart	2,3	< 0,1	7,4
28	Odenwald	1,1	< 0,1	3,4

Nachgewiesene Konzentrationen und Frachten im Elbwasser bei Schnackenburg (1981 - 1982):   105

Nachweisgrenze   0,001 μg/l
Anzahl der Meßwerte   28

Konzentrationen in μg/l

Minimum   0,21
Mittelwert   1,2
Maximum   7,7

Fracht in kg/Tag

Minimum   8,1
Mittelwert   120
Maximum   1 200

Jahresfracht   45   t/Jahr

Konzentrationen an verschiedenen Entnahmestellen der Elbe siehe Abb. 4

9. KONZENTRATION IM WASSER

9.1 OBERFLÄCHENWASSER

Bundesrepublik Deutschland

I. Einzugsgebiet der Elbe (1981)

LIT. 039

Meßstellen (s. Karte Nr. I)	Kreis - Gemeinde	Datum	Konz. ng/l
53-083-5.2	Elk-Lauenburg	27.10.	16
62-060-5.3	Bille	3.11.	x
62-060-5.1	Bille Reinbek	27.10.	47
62-076-5.5	Alster	4.11.	24
56-039-5.1	Pinnau	9.11.	140
56-015-5.3	Krückau	9.11.	140
04-000-5.5	Schwale	9.11.	1530
58-128-5.1	Stör Padenst.	15.10	484
61-049-5.5	Stör Kellingh.	10.11.	32
60-004-5.6	Schmalfelder Au	9.11.	69
61-034-5.1	Stör Heiligenst.	16.11.	42
61-062-5.1	Wilster Au	16.11.	66
58-148-5.4	NOK Schülp	2.11.	8,6
51-011-5.5	NOK Brunsb.	15.10.	34
51-011-5.7	Helser Fleet	15.10.	33
51-011-5.1	Braake	2.11.	23

x = nicht auswertbar (Verunreinigung)
1 ng/l ≙ 0,001 µg/l

9. KONZENTRATION IM WASSER

9.1 OBERFLÄCHENWASSER

LIT.

Bundesrepublik Deutschland

II. K̲ü̲s̲t̲e̲n̲g̲e̲w̲ä̲s̲s̲e̲r̲ ̲N̲o̲r̲d̲s̲e̲e̲ (1981)

039

Meßstellen (s. Karte Nr.II)	Kreis - Gemeinde	Datum	Konz. ng/l
51-013-5.2	Piep Tonne 30	20. 1.	n.n.
		29. 4.	4
		24. 8.	4,1
		28.10.	6
54-113-5.1	Eider Tonne 15	20. 1.	5
		12. 5.	50
		2. 9.	3,3
		12.11.	11
54-113-5.2	Außeneider	22. 1.	25
		4. 5.	75
		2. 9.	5,1
		3.11.	33
54-103-5.2	Heverstrom	2. 2.	5
		11. 5.	45
		31. 8.	6,7
		5.11.	12
54-103-5.1	Norderhever NH 11	2. 2.	n.n.
		11. 5.	40
		27. 8.	2,9
		5.11.	14
54-091-5.3	Holmer Fähre	9. 2.	n.n.
		11. 5.	20
		27. 8.	3,7
		9.11.	17

n.n. = nicht nachweisbar
1 ng/l ≙ 0,001 µg/l

9. KONZENTRATION IM WASSER

9.1 OBERFLÄCHENWASSER

II. Küstengewässer Nordsee (1981)

LIT.

039

Meßstellen (s. Karte Nr.II)	Kreis - Gemeinde	Datum	Konz. ng/l
54-074-5.1	Süderaue	29. 1.	n.n.
		4. 5.	60
		26. 8.	n.n.
		3.11.	22
54-164-5.4	Norderaue	29. 1.	15
		7. 5.	25
		25. 8.	1,0
		3.11.	30
54-089-5.1	Vortrapp Tief	28. 1.	n.n.
		6. 5.	30
		31. 8.	3,1
		10.11.	17
54-078-5.2	Lister Tief	26. 1.	n.n.
		5. 5.	20
		1. 9.	2,7
54-078-5.1	Römö Dyb	27. 1.	n.n.
		5. 5.	25
		1. 9.	2,0

n.n. = nicht nachweisbar
1 ng/l ≙ 0,001 µg/l

9. KONZENTRATION IM WASSER

9.1 OBERFLÄCHENWASSER

LIT.

Bundesrepublik Deutschland

III. Einzugsgebiet der Nordsee; Eider (1981)

039

Meßstellen (s. Karte Nr.III)	Kreis - Gemeinde	Datum	Konz. ng/l
54-023-5.1	Nordfeld	10. 2.	15
		20. 5.	10
54-096-5.3	Friedrichstadt	10. 2.	n.n.
		13. 5.	90
54-138-5.1	Tönning	10. 2.	n.n.
		20. 5.	50
59-058-5.1	Sorge	20. 5.	13
54-033-5.2	Treene	20. 5.	42
54-138-5.2	Norder-Bootfahrt	20. 5.	23
51-062-5.1	Speicher-Koog Süd	21.10.	9,5
51-074-5.3	Miele	21.10.	26
51-032-5.1	Dorlehnsbach	21.10.	11
51-074-5.4	Süderau	21.10.	2,1
51-074-8.1	Papierfabrik	21.10.	26
51-137-5.1	Nordstrom	21.10.	35
51-121-5.2	Warwerorter Koog	21.10.	21
51-137-5.3	Speicherkoog Nord	21.10.	31
59-058-5.1	Sorge	20.10.	8
54-023	Eider bei Nordfeld	5. 8.	1,0
		3.11.	12
59-116-5.2	Kielstau	24.11.	36

n.n. = nicht nachweisbar; 1 ng/l ≙ 0,001 µg/l

9. KONZENTRATION IM WASSER

9.1 OBERFLÄCHENWASSER LIT.

Bundesrepublik Deutschland

III. Einzugsgebiet der Nordsee; Eider (1981) 039

Meßstellen (s. Karte Nr.III)	Kreis - Gemeinde	Datum	Konz. ng/l
59-092-5.1	Treene	28.10.	17
54-033-5.2	Treene	20.10.	15
51-096-5.3	Eider bei Friedrichstadt	3. 9. 12.11.	1,8 22
54-138-5.1	Eider bei Tönning	5. 8. 3.11.	6,5 17
51-105-5.1	Schülp Neuensiel	20.10.	8,5
54-138-5.3	Süderbootfahrt	20.10.	15
54-135-5.1	Everschopsiel	20.10.	12
54-056-5.1	Husumer Mühlenau	20.10.	12
54-056-5.4	Sielzug	20.10.	7,3
54-091-5.1	Nordstrand	20.10.	25
54-091-5.2	Süderhaf. Nordstr.	20.10.	19
54-043-5.2	Arlau	19.10.	17
54-108-5.1	Rhin	19.10.	18
54-093-5.1	Lecker Au	19.10.	33
54-166-5.1	Alter Sielzug	19.10.	12
54-009-5.1	Schmale	19.10.	105

1 ng/l ≙ 0,001 µg/l

9. KONZENTRATION IM WASSER

9.1 OBERFLÄCHENWASSER LIT.

Bundesrepublik Deutschland

IV. Küstengewässer Ostsee (1981) 039

Meßstellen (s. Karte Nr.IV)	Kreis - Gemeinde	Datum	Konz. ng/l
59-113-5.15	Höhe Glücks-burg	16. 2.	40
		2. 6.	290
59-178-5.3	Höhe Wester-holz	16. 2.	120
		1. 6.	170
59-112-5.10	Geltinger Bucht	17. 2.	n.n.
		1. 6.	60
57-030-5.5	Hohwachter Bucht	24. 2.	45
		5. 6.	5
55-021-5.5	Fehmarnsund	17. 2.	10
		4. 6.	125
55-010-5.5	Dahmeshöved	23. 2.	40
		3. 6.	25
55-016-5.5	Walkyrien Grund	23. 2.	5
		3. 6.	15
55-005-5.6	Fehmarnbelt	23. 2.	n.n.
		2. 6.	20

n.n. = nicht nachweisbar
1 ng/l ≙ 0,001 µg/l

9. KONZENTRATION IM WASSER

9.1 OBERFLÄCHENWASSER

V. Küstengewässer Schlei (1981)

LIT.

039

Meßstellen (s. Karte Nr.V+)Va	Kreis - Gemeinde	Datum	Konz. ng/l
59-075-5.1	Kleine Breite	21. 5.	15
		16. 7.	n.n.
59-016-5.1	Große Breite	21. 5.	3
		16. 7.	20
59-094-5.1	Lindholm	21.5.	10
		16.7.	10
59-022-5.1	Bienebek	21. 5.	95
		16. 7.	5,9
59-045-5.1	Kappeln	21. 5.	70
		16. 7.	7,8

n.n. = nicht nachweisbar
1 ng/l ≙ 0,001 µg/l

9. KONZENTRATION IM WASSER

9.1 OBERFLÄCHENWASSER

Bundesrepublik Deutschland

VI. Einzugsgebiet der Ostsee; Trave (1981)

LIT. 039

Meßstellen (s. Karte Nr.VI)	Kreis - Gemeinde	Datum	Konz. ng/l
62-010-5.1	Benstaben	25. 5.	65
03-000-5.29	Konstinkai	3. 6.	400
03-000-5.4	Schlutup	26. 5.	100
59-120-5.1	Krusau	2.12.	18
01-000-5.5	Mühlenstrom	2.12.	10
59-113-5.3	Schwennau	2.12.	13
02-000-5.7	Schwentine	5.11.	19
60-074-5.2	Trave Herrenm.	5.11.	35
62-004-5.16	Trave Sehmsd.	21.12.	16
62-061-5.1	Heilsau	5.11.	1,9
03-000-5.6	ELK Konstinkai	5.11.	8,1
03-000-5.29	Trave Konstinkai	3.12.	174
55-004-5.5	Schwartau	5.11.	4,7
03-000-5.4	Trave Schlutup	5.11.	5,9

1 ng/l ≙ 0,001 µg/l

9. KONZENTRATION IM WASSER

9.1 OBERFLÄCHENWASSER

Europäische Länder

Schätzung des jährlichen Zuflusses von Perchlorethylen in den Züricher See (Central Basin):

Quelle	gesamte Wasser-Zuflußmenge/Jahr[1] ($10^6 m^3$/Jahr)	durchschnittliche Konzentration (ng/l)	gesamte Zufluß- menge (kg/Jahr)
Oberbecken	2'500	40 ($\hat{=}$ 0,04 $\mu g/l$)	100
Bäche	100	?	?
Regen	100	100[2] ($\hat{=}$ 0,1 $\mu g/l$)	10
Abwasserabläufe	28	> 1 500 ($\hat{\geq}$ 1,5 $\mu g/l$)	> 42
Sonstiges	?	?	?

1 siehe Lit. 095
2 siehe Lit. 096

LIT.

044
095
096

9. KONZENTRATION IM WASSER

	LIT.
9.1 OBERFLÄCHENWASSER	
Europäische Länder	
Glatt/Schweiz bis 800 ppb $\hat{=}$ 800 µg/l (Fracht: 10 - 1 000 g/Std.)	002 089
Konzentrationen in verschiedenen Wasserproben, Zürichsee und Gebiet um Zürich (Oktober 1973): Seeoberfläche 140 ppt $\hat{=}$ 0,14 µg/l See (30 m Tiefe) 420 ppt $\hat{=}$ 0,42 µg/l Quellwasser 12 ppt $\hat{=}$ 0,012 µg/l	033
England, Hochlandstaubecken: 3.11.74; Wetter: trocken, wolkig Rivington Reservoir 0,1 ng/l Blackstone Edge Reservoir <0,1 ng/l Delph Reservoir <0,1 ng/l 13.11.74; Wetter: langer heftiger Regen Rivington Reservoir 9 ng/l Blackstone Edge Reservoir 16 ng/l Belmont Reservoir 9 ng/l Hollingworth Lake 5 ng/l 1 ng/l $\hat{=}$ 0,001 µg/l	063
England, Tiefland-Flußwasser: Rohwasser 0,05 ± 0,01 µg/l behandeltes Wasser 0,01 ± 0,005 µg/l	031

9. KONZENTRATION IM WASSER

9.1 OBERFLÄCHENWASSER | LIT.

Europäische Länder

England, Liverpool Bay: | 032
Mittelwert   0,12 µg/l
Maximum   2,6 µg/l

Konzentrationen in verschiedenen Gewässern europäischer Länder (Zusammenstellung, berichtet 1977): | 027

Gewässer/Gebiet	Land	Konzentration (µg/l)
Liverpool Bay	England	0,12 - 2,6
Rhein:	Deutschland	
Hoenningen		1,5
Luelsdorf		2 - 2,5
Wesseling		1,75
Salzach:		
Marienberg		0,6 - 1,9
Überackern		3,3 - 19,6
Isar:		
Quelle		0,01 - 0,02
München		0,1 - 1,0
stromabwärts von München		1,9 - 2,5
Starnberger See		0,15 - 0,20
Lerchenauer See		2,0 - 2,8

Fortsetzung nächste Seite

9. KONZENTRATION IM WASSER

9.1 OBERFLÄCHENWASSER LIT.

Europäische Länder

Fortsetzung Tabelle   027

Gewässer/Gebiet	Land	Konzentration ($\mu g/l$)
Twente Canal Hengelo	Niederlande	0,3
Twente Canal Delden		<0,2
Eems		16,0
Oostfriese Gaatje (Süden)		6,6
Oostfriese Gaatje (Norden)		1,4
Ranselgat		1,7
Huibertgat		1,4
Durance:	Frankreich	
Pont Oraison		<10 - 46
Ste Tulle		≤5

9. KONZENTRATION IM WASSER

9.1 OBERFLÄCHENWASSER

Andere Länder

		LIT.
Nachgewiesen im Mississippi River		068
Nordostatlantik, im Mittel	0,5 ng/l $\hat{=}$ 0,0005 µg/l	002 035
östlicher Atlantik	0,5 - 18,5 ppt $\hat{=}$ 0,0005 - 0,0185 µg/l	002 069
Atlantik	0,0002 - 0,0008 µg/l	013 035
Nord-Ost-Atlantik	0,5 ng/l $\hat{=}$ 0,0005 µg/l	034 035 036

Konzentrationen im Oberflächenwasser des Nord-Ost-Atlantiks:

043
035

Probenahme Nr.	Breiten- grad	Längen- grad	Konz. (ng/l)
1	26°14' N	14°53' W	0,2
2	26°09' N	14°46' W	0,2
3	26°07' N	14°50' W	0,8
4	26°21' N	14°50' W	0,6
5	26°10' N	14°56' W	0,4
6	26°15' N	14°38' W	0,7
Durchschnitt			0,5

1 ng/l $\hat{=}$ 0,001 µg/l

9. KONZENTRATION IM WASSER

9.2 **ABWASSER**   LIT.

Bundesrepublik Deutschland

Nordrhein-Westfalen   015
- Industrielle Abwässer   0,1 - 300 µg/l
- Kommunale Kläranlagenabläufe 0,1 - 100 µg/l

Kommunale Kläranlage des   125 µg/l   100
Ruhrverbandes   076
(Spitzenkonzentration)

Bayern   013
- Rohabwasser Stadt München   88 µg/l   092
- Rohabwasser Stadt Burghausen   6,9 / 62 µg/l
- mechanisch geklärtes Abwas-   6,8 µg/l
  ser Stadt München
  (24-Stunden-Mittel)
- mechanisch geklärtes Abwas-   1,7 / 0,4 µg/l
  ser Stadt Burghausen
  (4-Stunden-Mischungen)

9. KONZENTRATION IM WASSER

9.2 ABWASSER

LIT. 082

Tetrachlorethylengehalte in Abwässern des Frankfurter Flughafens (s. Abb. 3):

Datum	Konz. (mg/l)	Ort/Bemerkungen
1.6.78	1,0	Demulgator
1.6.78	78,7	südlich Demulgator
1.6.78	4300	Tor 22, nur Nord-Süd-Verlauf des Kanals
1.6.78	3,3	Nord-West-Ecke Halle 3
1.6.78	68	Süd-Ost-Ecke Halle 5
1.6.78	0,4	nord-östlich Halle 3
8.6.78	29	südlich Parkhaus
8.6.78	0,5	Tor 22, nur Kanal vom Parkhaus
8.6.78	64,5	südlich Tor 22 untere Phase
8.6.78	3,2	Nord-Ost-Ecke Halle 3, nur Ostkanal d.H.
8.6.78	1,0	Nord-Ost-Ecke Halle 3, nur Nordkanal d.H.
8.6.78	53	östlich Halle 5
8.6.78	10	nord-westlich Halle 5
8.6.78	51	nord-westlich Halle 5
8.6.78	97	Probe 10 nur obere wäßrige Phase
11.4.78	1,2	Flugzeugwaschwasser
9.5.78	0,7	Flugzeugwaschwasser
9.5.78	0,006	Demulgatorleitung von Frachthof 3
23.5.78	2,4	Demulgator

9. KONZENTRATION IM WASSER

9.2 ABWASSER   LIT.

Fortsetzung Tabelle(s. Abb. 3):   082

Datum	Konz. (mg/l)	Ort/Bemerkungen
9.5.78	0,025	aus Regenwasserkanal Flughafen
9.5.78	0,024	Regenwasser aus dem Flughafenbereich
23.6.78	0,0003	Regenwasser, Frankfurt Kennedyallee

9. KONZENTRATION IM WASSER

9.2 ABWASSER LIT.

Bundesrepublik Deutschland/Europ. Länder

Konzentrationen in Abläufen verschiedener Gewerbebetriebe (berichtet 1982): 029

Betriebe	Konzentration ($\mu g/l$)
1	3 000
2	8 000
3	20
4	2 200
5	30
6	40
7	400
8	3 000
9	15
10	350

9. KONZENTRATION IM WASSER

9.2 ABWASSER

Andere Länder

		LIT.
Unbehandelte Abwässer der Farb- und Tintenindustrie, USA (Probenahmen 1977/1978):		023
Minimum	< 10 µg/l	
Maximum	6 000 µg/l	
Minimum	< 10 µg/l	
Maximum	4 900 µg/l	
Konzentrationen im Wasser eines Klärwerkes, USA (berichtet 1974):[1]		024
Einlauf vor der Behandlung	6,2 µg/l	
Ablauf vor der Chlorung	3,9 µg/l	
Ablauf nach der Chlorung	4,2 µg/l	
Industrielle Abwässer[2] (Chem. Produktion)	0,65 mg/l $\hat{=}$ 650 µg/l	073

[1] mit GC/MS bestimmt
[2] Labor: Rijksinstituut voor de Volksgezondheit, The Netherlands

9. KONZENTRATION IM WASSER

9.3 REGENWASSER

Bundesrepublik Deutschland/Europäische Länder

Konzentrationsentwicklung im Niederschlagswasser über ein Niederschlagsereignis:

Zeit	Rhein-Main-Flughafen (Sept. 79) µg/l	Frankfurt Stadtgebiet (Juli 79) µg/l	Schwarzwald öst. Freibg. (Sept. 79) µg/l
1. Stunde	51	5	12
2. Stunde	8	0,3	0,5
3. Stunde	0,2	< 0,1	< 0,1
4. Stunde	< 0,1		

LIT. 098

England (berichtet 1981)   < 0,01 µg/l   031

England bei Runcorn   0,15 µg/l   032

9. KONZENTRATION IM WASSER

9.4 GRUNDWASSER

LIT.

Bundesrepublik Deutschland

Tetrachlorethylengehalte in Grundwässern des Umgebungsbereiches Pumpwerk Hinkelstein (Frankfurt) (s. Abb. 1):[1]

082

Datum	Brunnen	Probenahme	Konz. (μg/l)
29.3.78	Br. 388	gepumpt	1,0
29.3.78	Br. 387	gepumpt	2,0
29.3.78	Br. 386	gepumpt	9,9
29.3.78	Br. 58 n	gepumpt	2,8
29.3.78	Versick.	geschöpft	0,5
6.4.78	Br. 388	gepumpt	1,1
6.4.78	Br. 387	gepumpt	1,0
6.4.78	Br. 386	gepumpt	10,7
6.4.78	Br. 58 n	geschöpft	2,3
6.4.78	Br. 371	gepumpt	2,6
6.4.78	Br. 370	geschöpft	3,3
6.4.78	Br. 369	geschöpft	17,5
6.4.78	Br. 325	geschöpft	26,5
6.4.78	Br. 326	geschöpft	2,0
6.4.78	Br. 327	geschöpft	4,3
6.4.78	Br. 415	geschöpft	3,3
6.4.78	Br. 416	geschöpft	20,0
6.4.78	Br. 417	geschöpft	203
6.4.78	Br. 420	geschöpft	10,9
11.4.78	Br. 416	gepumpt	131
11.4.78	Br. 414	geschöpft	1,5
11.4.78	Br. 419	gepumpt	5,1
11.4.78	Br. 422	geschöpft	4,0
11.4.78	Br. 368	geschöpft	4,1
11.4.78	Br. 418	gepumpt	2,7
11.4.78	Br. 331	geschöpft	0,8
11.4.78	Br. 330	geschöpft	2,6

9. KONZENTRATION IM WASSER

9.4 GRUNDWASSER

Bundesrepublik Deutschland

Fortsetzung Tabelle (s. Abb. 1):[1]

082

Datum	Brunnen	Probenahme	Konz. (μg/l)
11.4.78	Br. 369	geschöpft	20,9
11.4.78	Br. 415	geschöpft	5,5
11.4.78	Br. 417	gepumpt	402
11.4.78	Br. 367	geschöpft	732
11.4.78	Br. 24	geschöpft	0,3
11.4.78	Br. 420	gepumpt	44,3
11.4.78	Br. 421	gepumpt	1049
11.4.78	Förder 1	gepumpt	856 (833)[2]
11.4.78	Förder 2	gepumpt	1,8
11.4.78	Br. 329	geschöpft	5,3
26.4.78	Förder 1	gepumpt	696
26.4.78	Förder 2	gepumpt	1,0

Konzentrationen in Grundwässern der Gemarkung Kelsterbach:

082

Datum	Brunnen gepumpt	Konz. μg/l
23.5.78	Br. Kelsterbach Schule	0,7
23.5.78	Br. Kelsterbach Südpark	0,7
23.5.78	Br. 3 Kelsterb. Sportpark	0,7

---

[1] Br. = Grundwassermeßstelle
Förder. = Förderbrunnen
Versick. = Versickerung von Oberflächenwasser zum Zwecke der Grundwasseranreicherung

[2] Wiederholungsmessung

9. KONZENTRATION IM WASSER

9.4 GRUNDWASSER   LIT.

Bundesrepublik Deutschland

Tetrachlorethylengehalte in Grundwässern des   082
Frankfurter Flughafenbereiches (s. Abb. 2):[1]

Datum	Brunnen	Probenahme	Konz. ($\mu g/l$)
20.3.78	Br. 4, Hahn unten	gepumpt	4,2
20.3.78	Br. 7, Keller	geschöpft	8,0
20.3.78	Br. 8	geschöpft	2,9
20.3.78	Br. 10	geschöpft	0,4
20.3.78	Br. 4, Kessel	geschöpft	3,0
11.4.78	Br. 4, Kessel	gepumpt	5,5
11.4.78	Br. 7	gepumpt	14,0
11.4.78	Br. 8	gepumpt	4,6
11.4.78	Br. 10	gepumpt	0,8
11.4.78	Br. 5 bei Tanks	geschöpft	-
11.4.78	Br. 19 bei Tanks	geschöpft	9,1
23.5.78	Br. A2, Straße	geschöpft	9,2
23.5.78	Br. B 46	geschöpft	5,0
23.5.78	Br. 1	geschöpft	2,4
23.5.78	Br. 3	geschöpft	2,6
23.5.78	Br. 2	geschöpft	42
23.5.78	Br. B 40	geschöpft	1,2

[1] Br. = Grundwassermeßstelle

9. KONZENTRATION IM WASSER

9.4 GRUNDWASSER

		LIT.
Hauptkomponente im Rheinuferfiltrat		061
Anreicherung im Sickerwasser von Mülldeponien (Maximalwert)	100 ppb $\hat{=}$ 100 µg/l	002 062
Schweiz, Umgebung von Zürich (Oktober 1973)	1 850 ppt $\hat{=}$ 1,85 µg/l	033
Uferfiltrat (Nordrhein-Westfalen)	0,1 - 1 µg/l	015

9. KONZENTRATION IM WASSER

9.4 GRUNDWASSER

Konzentrationen im Grundwasser des Züricher Industriegebietes:

LIT.

045

Name	Datum der Probenahme (1976)	Konz. (μg/l)
Lochergut	28. Juli	< 0,1
Molkerei	28. Juli	< 0,1
Migros	28. Juli	0,6
Schlachthof	6. Juli	< 0,1
Kehrichtverbrennung	28. Juli	2,4
COOP Mühle	18. August	0,2
Löwenbräu	18. August	0,4
Schütze	28. Juli	81,6
Steinfels	6. Juli	4,7
Escher Wyss	6. Juli	14,8
Carba	18. August	0,5
Schöller	18. August	0,2
Hardhof	2.-5. März, 19. Juli	1,7 [1]
Tüffenwies	20. Juli	1,5

[1] Mittelwert von fünf Bestimmungen, Konzentrationsbereich: 1,4 - 2,2 μg/l

9. KONZENTRATION IM WASSER

9.4 GRUNDWASSER

Konzentrationen im Grundwasser des Züricher Industriegebietes:[1]

LIT. 045

Name	Art	Konzentration ($\mu g/l$)
Tüffenwies	S	2,30
Löwenbräu	S	0,44
Kaufmänn. Verein	S	0,65
Schütze	S	44,3
Rohr 19	M	236,4
Steinfels	S	19,9
Wohlfahrtshaus	S	26,0
Zivilschutz	S	188,4
Garage	S	129,3
Rohr 18	M	1,85
Rohr 17	M	1,21
Spedition	S	25,3
Forschung	S	39,8
Wassertank	S	134,8
MVA	S	3,81
Kesselhaus	S	37,4
Rohr 16	M	20,5
Lagerhaus	S	21,7
Bestimmungsgrenze		0,02

S = Wasserversorgungs-Brunnen ("Water Supply Well")
M = Kontroll-Brunnen ("Monitoring Well")

[1] Proben wurden am 15.2.77 gesammelt, ausgenommen Tüffenwies am 4. - 11.7.77

9. KONZENTRATION IM WASSER

9.4 GRUNDWASSER

Konzentrationen in England in (Kreide-) Grundwässern (berichtet 1981):

LIT. 031

Wassertyp	Konzentration (μg/l)
Rohwasser	3,0 $\pm$ 0,3
behandeltes Wasser	3,5 $\pm$ 0,4
Rohwasser	2,2 $\pm$ 0,2
behandeltes Wasser	2,9 $\pm$ 0,3
Rohwasser	0,02 $\pm$ 0,005
behandeltes Wasser	0,02 $\pm$ 0,005
Rohwasser	ND
behandeltes Wasser	ND
Rohwasser	ND
behandeltes Wasser	ND
Rohwasser	1,4 $\pm$ 0,1
Rohwasser	0,7 $\pm$ 0,08
behandeltes Wasser	0,8 $\pm$ 0,08
Rohwasser	0,01 $\pm$ 0,005
behandeltes Wasser	0,01 $\pm$ 0,005
Rohwasser	0,17 $\pm$ 0,03
Rohwasser	1,7 $\pm$ 0,2
Rohwasser	0,66 $\pm$ 0,07
behandeltes Wasser	1,6 $\pm$ 0,2

ND < 0,01 μg/l

9. KONZENTRATION IM WASSER

9.4 GRUNDWASSER LIT.

Konzentrationen in England in (Buntsandstein-) Grundwässern (berichtet 1981): 031

Wassertyp	Konzentration ($\mu g/l$)
behandeltes Wasser	0,26 ± 0,03
Rohwasser	ND
behandeltes Wasser	ND

ND < 0,01 $\mu g/l$

9. KONZENTRATION IM WASSER

9.5 TRINKWASSER | LIT.

Bundesrepublik Deutschland

		LIT.
Niederrheingebiet, Trinkwasserproben	0,06 µg/l	016
München (berichtet 1976)	1,3 µg/l[1]	079, 092
Trinkwasser der Bundesrepublik Deutschland, 100 Städte (1977):		060
Mittelwert	0,6 µg/l	
Minimum	<0,1 µg/l	
Maximum	35,3 µg/l	
München (verschiedene Entnahmeorte und Zeiten)	1,2 µg/l	013, 092
	1,4 µg/l	
	1,6 µg/l	
	2,2 µg/l	
	2,4 µg/l	
	1,4 µg/l	
	0,09 µg/l	
	0,11 µg/l	

[1] Laut Lit. 079 Mittelwert aus Einzelmessungen mit einer Streubreite von 0,1 - 2,4 µg/l

9. KONZENTRATION IM WASSER

9.5	TRINKWASSER		LIT.
	Europäische Länder		
	Leitungswasser Schweiz, Umgebung von Zürich (Oktober 1973)	2 100 ppt $\hat{=}$ 2,1 µg/l	033
	England, Leitungswasser, das aus Grundwasser gewonnen wurde	< 0,01 µg/l	031

9. KONZENTRATION IM WASSER

		LIT.
9.5 TRINKWASSER Andere Länder		
USA, Washington D.C.	< 5 ppb $\hat{=}$ < 5 µg/l	002 086
USA, Tusaloosa/Alabama, nachgewiesen		002 087
USA, Cincinnati, nachgewiesen		085
USA, New Orleans, nachgewiesen		068
USA, New Orleans ("finished water")	bis 5 µg/l	051 052
USA (1975)[1]	0,07 - 0,46 µg/l	051 053
USA (Februar 1978): Hoher Wert Niedriger Wert Mittelwert[2]	0,62 µg/l 0,38 µg/l 0,58 µg/l	041

[1] 8 von 10 Wasserproben
[2] Mittelwert von 10 Untersuchungen

9. KONZENTRATION IM WASSER

9.5 TRINKWASSER

Andere Länder

	LIT.
USA, Konzentrationen im Trinkwasser von fünf Städten (berichtet 1976): Cincinnati 0,3 µg/l Miami <0,1 µg/l Ottumwa 0,2 µg/l Philadelphia 0,4 µg/l Seattle nicht erfaßt durch GC/MS	028
Konzentrationen in Leitungswasserproben von Japan (11. Dezember 1976): Tokorosawa[1] 0,6 ppb ≙ 0,6 µg/l Fussa[2] 0,2 ppb ≙ 0,2 µg/l Tsuchiura[3] 0,2 ppb ≙ 0,2 µg/l Urawa[4] 0,2 ppb ≙ 0,2 µg/l Hanamuro[5] 0,2 ppb ≙ 0,2 µg/l	030

[1] 30 Meilen nordöstlich von Tokio
[2] 30 Meilen östlich von Tokio
[3] 40 Meilen westlich von Tokio
[4] 20 Meilen nördlich von Tokio
[5] Tsukuba Forschungszentrum

9. KONZENTRATION IM WASSER

		LIT.
9.5 <u>TRINKWASSER</u>		
Andere Länder		
Vorgeschlagener WHO-Richtwert (Stand Nov. 1980)	10 µg/l (vorläufig, nur bedingt)	048

10. ABFALL

LIT.

Schleswig-Holstein
Gewässerüberwachung
1.2 Lage der Meßstellen im Einzugsgebiet der Elbe

Quelle: Lit. 039

Karte I

Schleswig-Holstein
Gewässerüberwachung
1.2 Lage der Meßstellen
im Nordseeküstengewässer

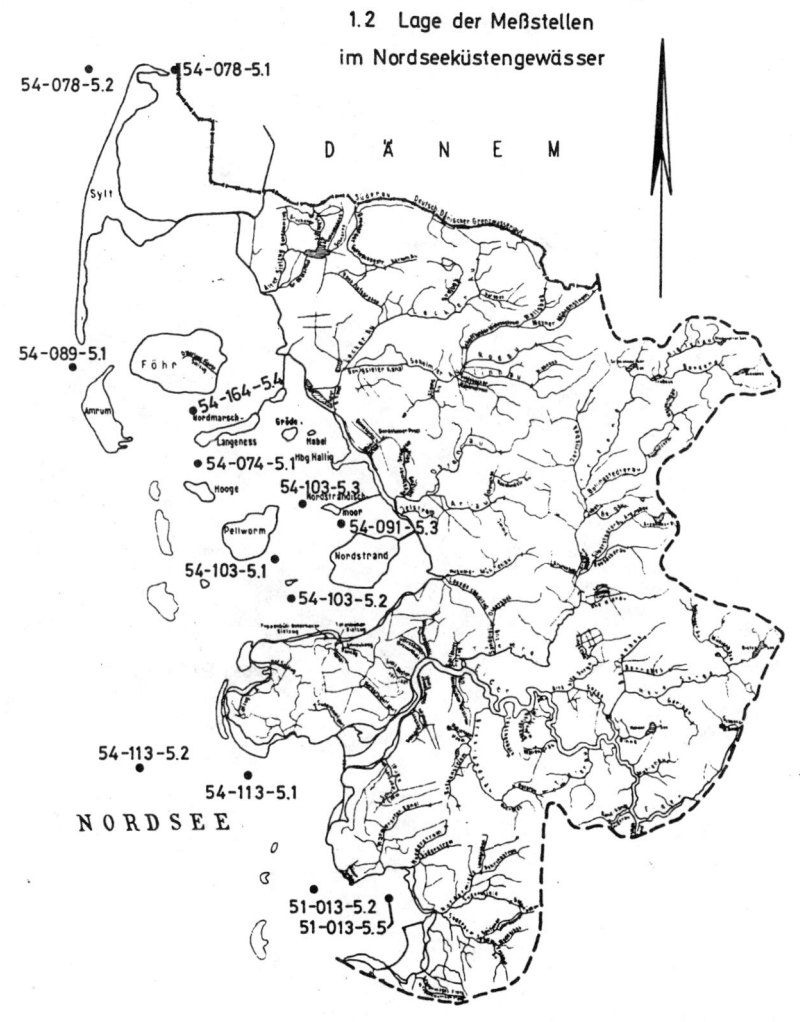

Quelle: Lit. 039

Karte II

Schleswig-Holstein
Gewässerüberwachung
1.2 Lage der Meßstellen im Einzugsgebiet der Nordsee

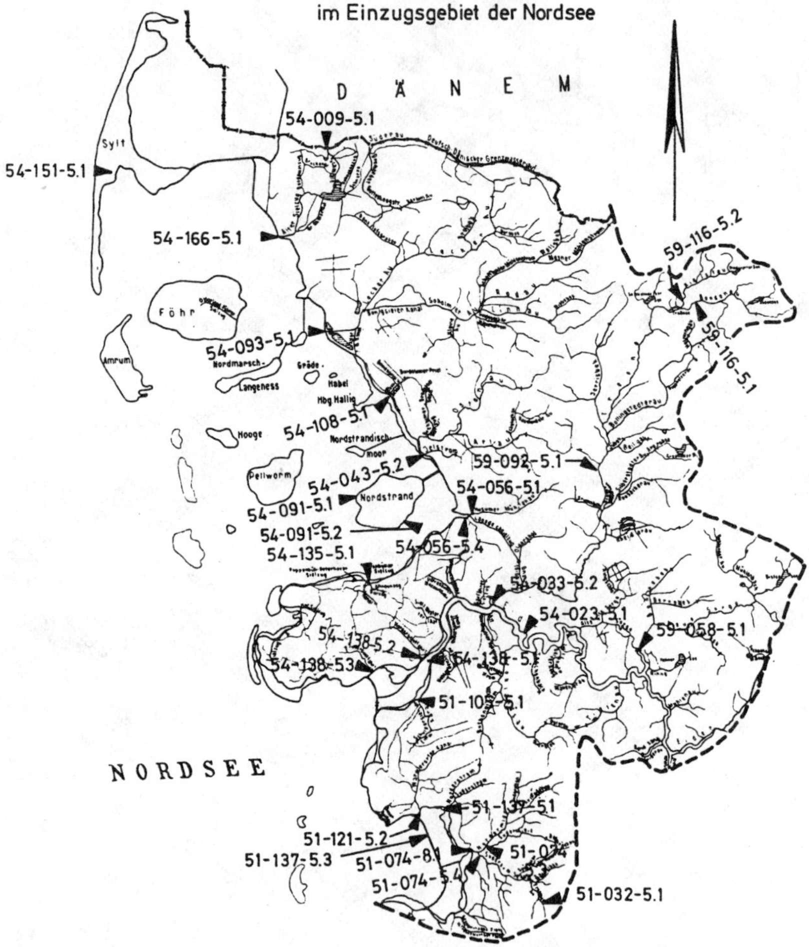

Quelle: Lit. 039

Karte III

Schleswig-Holstein
Gewässerüberwachung
1.2 Lage der Meßstellen
im Ostseeküstengewässer

Quelle: Lit.039

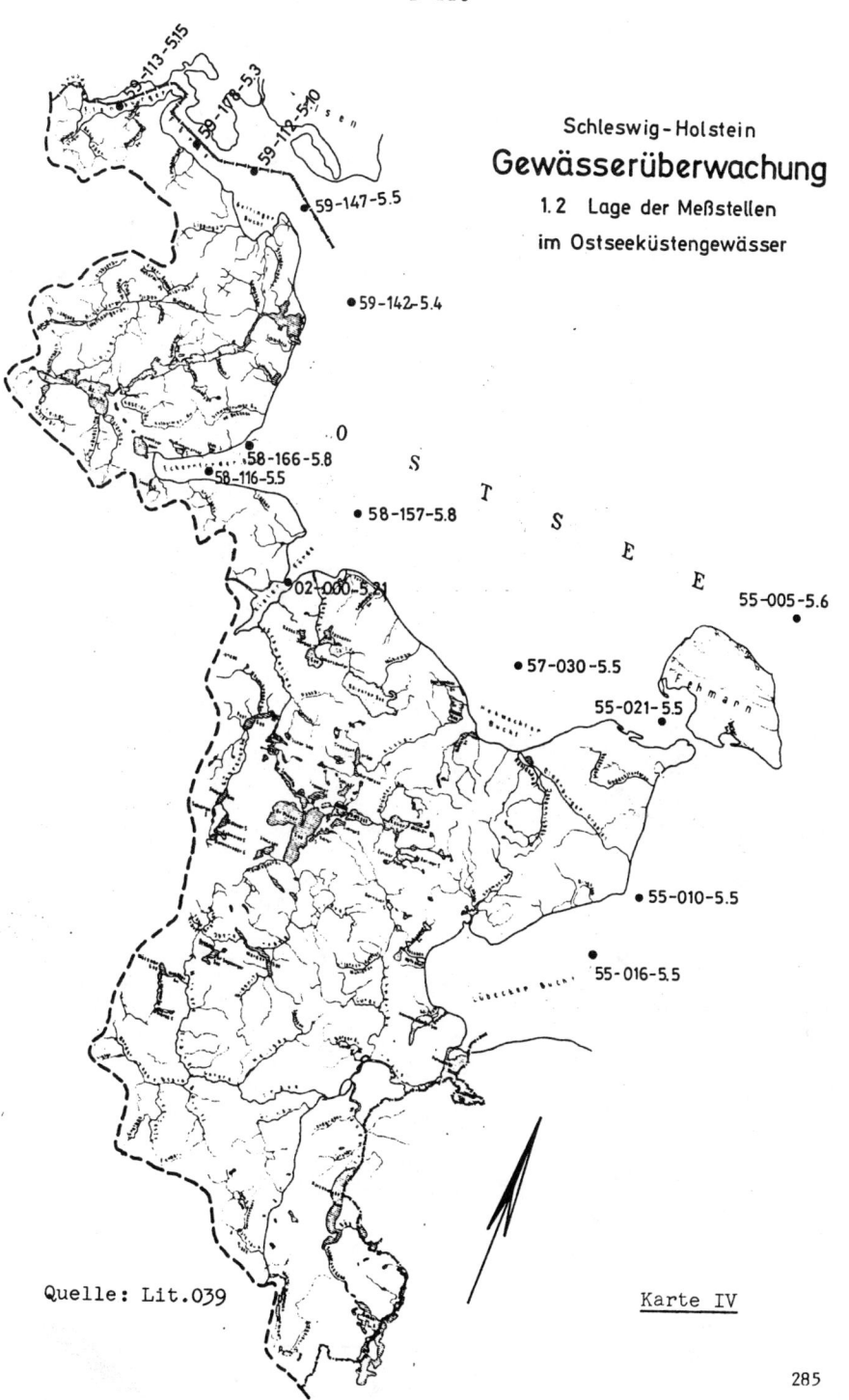

Karte IV

D-111

Schleswig-Holstein
Gewässerüberwachung
1.2 Lage der Meßstellen
Einzugsgebiet der Ostsee
- Schlei -

Kappeln
59-045-5.1
Arnis
59-022-5.1
Lindau
59-094-5.1
Schleswig
59-016-5.1
Missunde
59-075-5.1
Eckernförde

1:200 000

Quelle: Lit. 039

Karte V

Landesamt
für Wasserhaushalt
und Küsten
Schleswig-Holstein

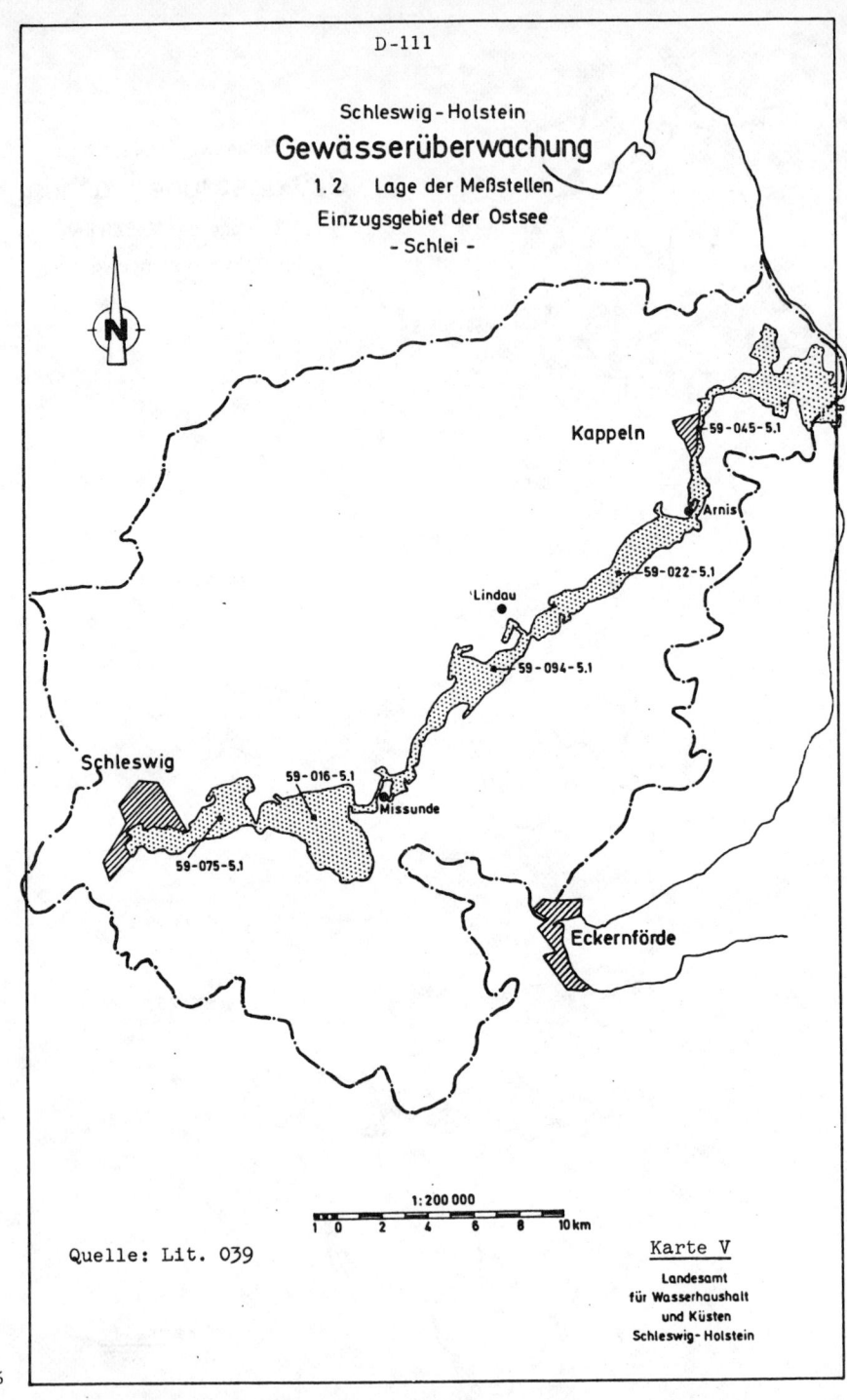

D-112

Schleswig-Holstein
Gewässerüberwachung
1.2 Lage der Meßstellen
im Einzugsgebiet der Ostsee

Quelle: Lit. 039

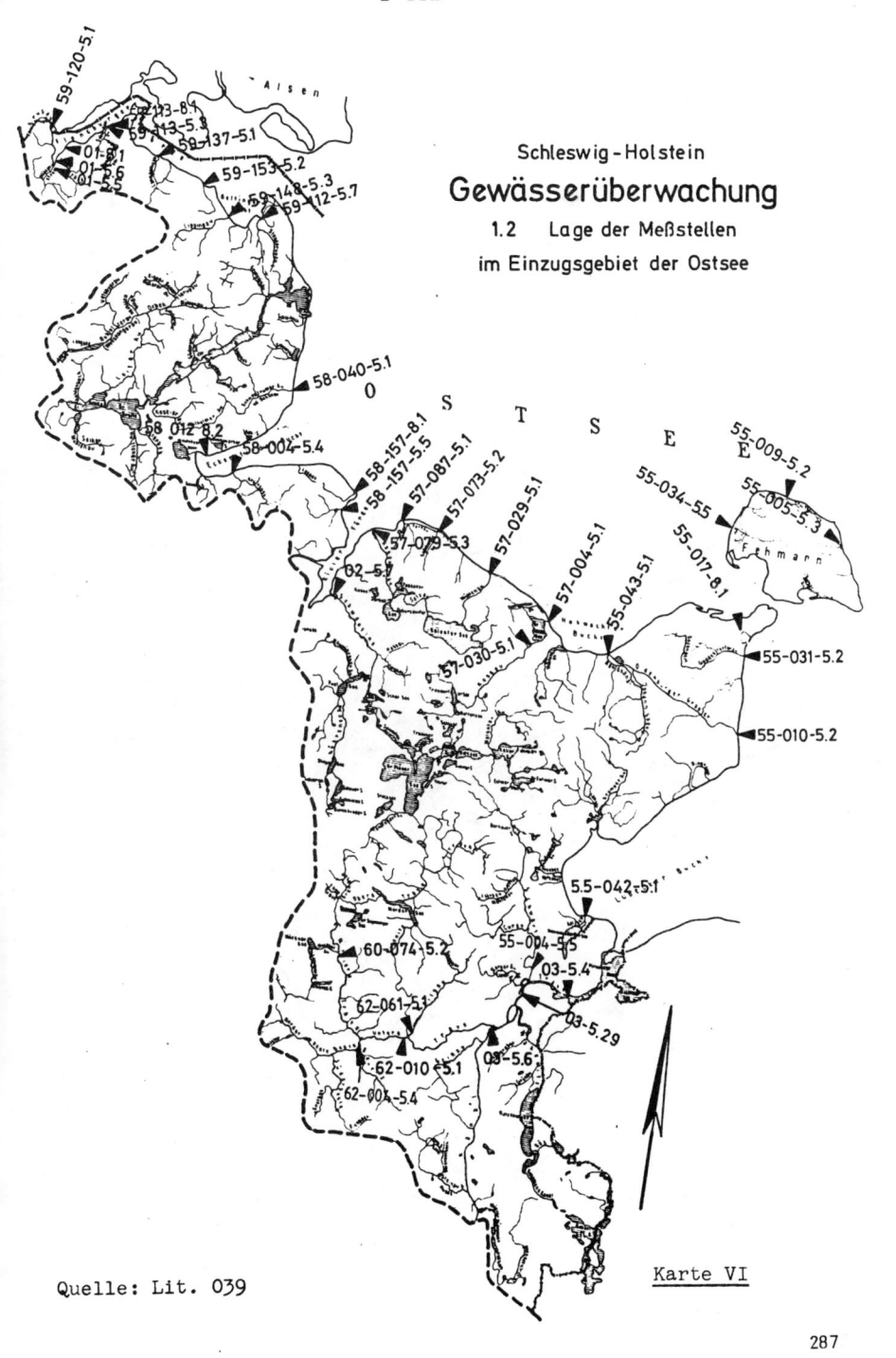

Karte VI

D-113

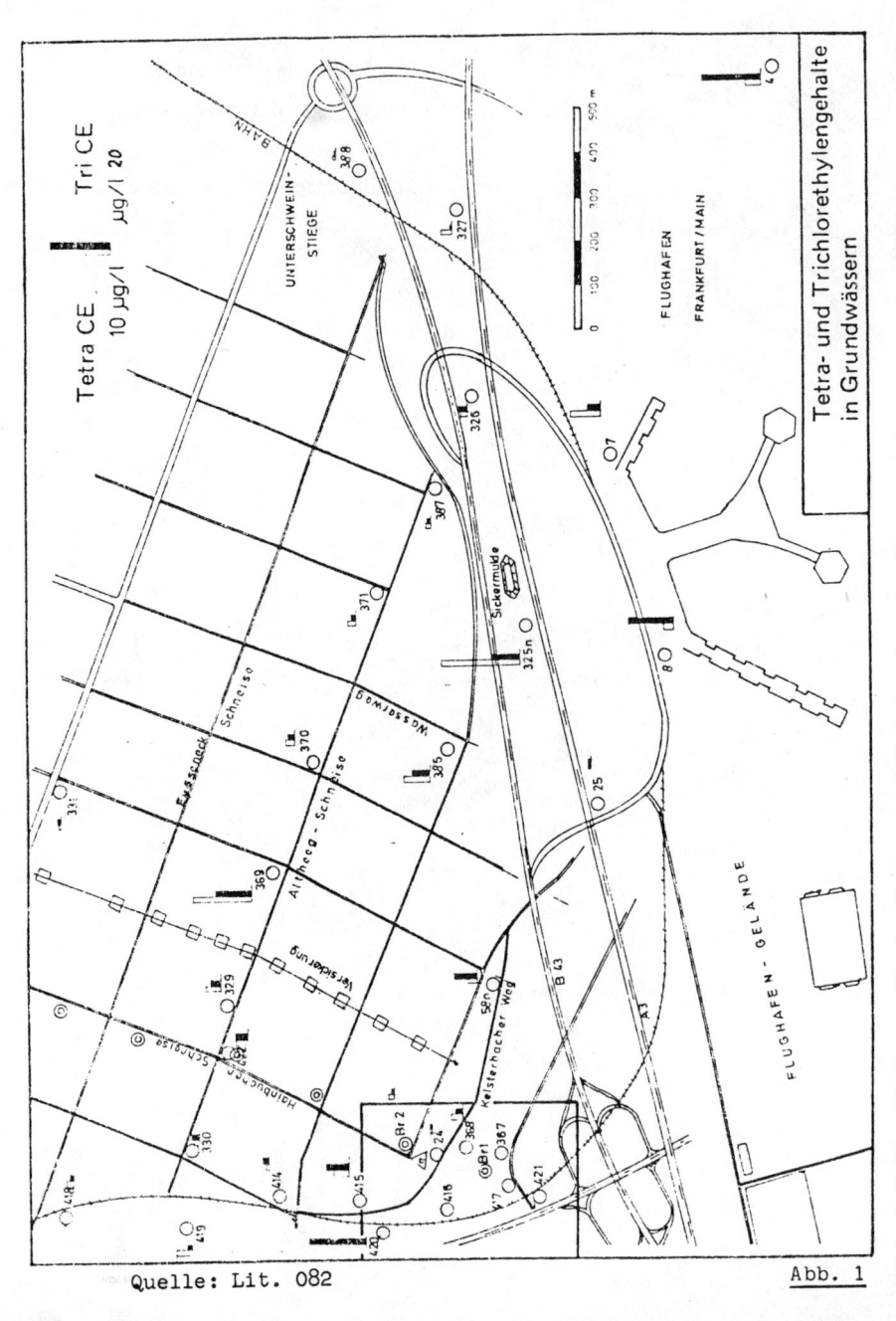

Tetra- und Trichlorethylengehalte in Grundwässern

Tetra CE 10 µg/l
Tri CE 20 µg/l

FLUGHAFEN FRANKFURT/MAIN

Quelle: Lit. 082

Abb. 1

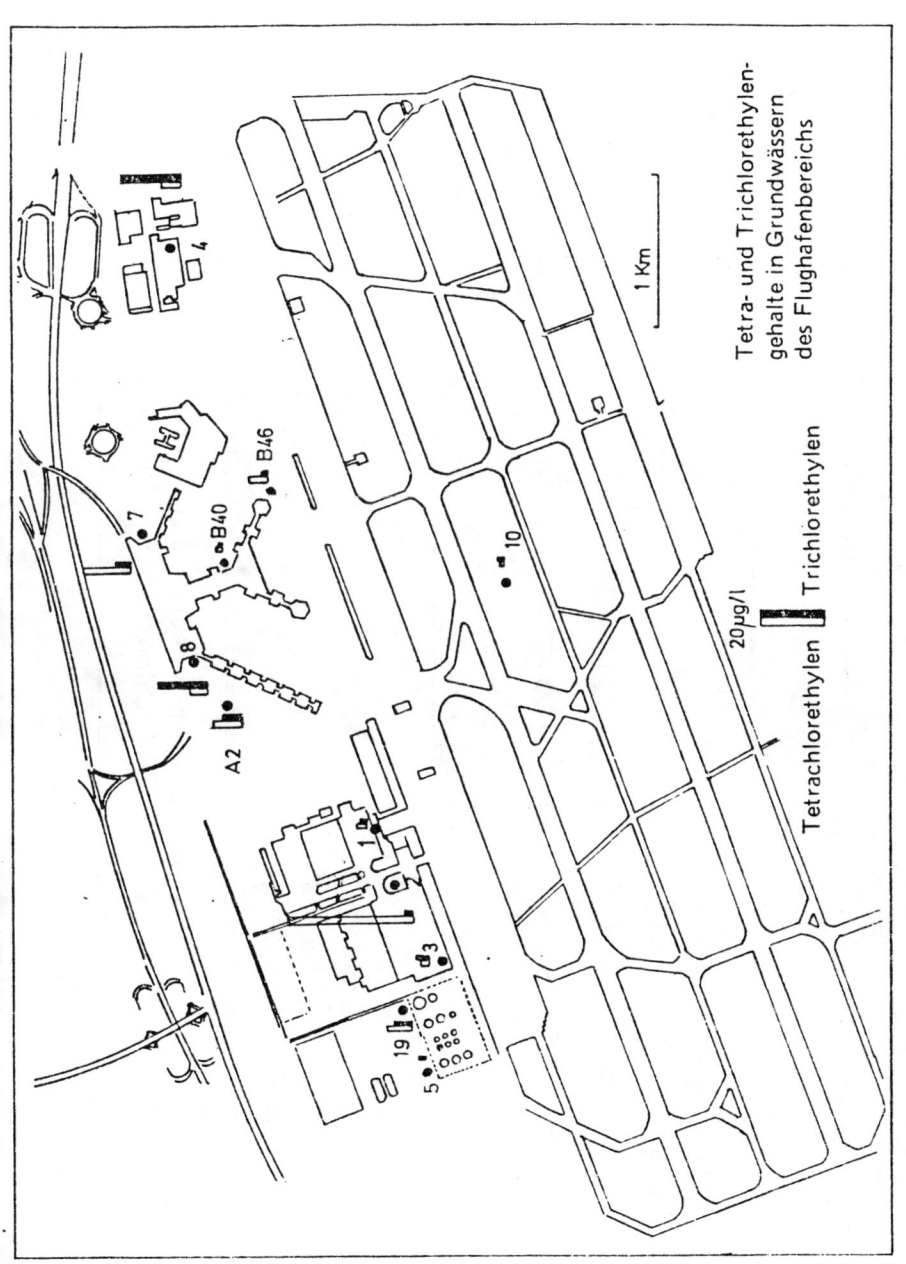

Abb. 2: Tetra- und Trichlorethylengehalte in Grundwässern des Flughafenbereichs

Quelle: Lit. 082

D-115

Abb. 3: Proben-Entnahmepunkte zur Abwasser-Analyse Tetrachlorethylen — Trichlorethylen

Quelle: Lit. 082

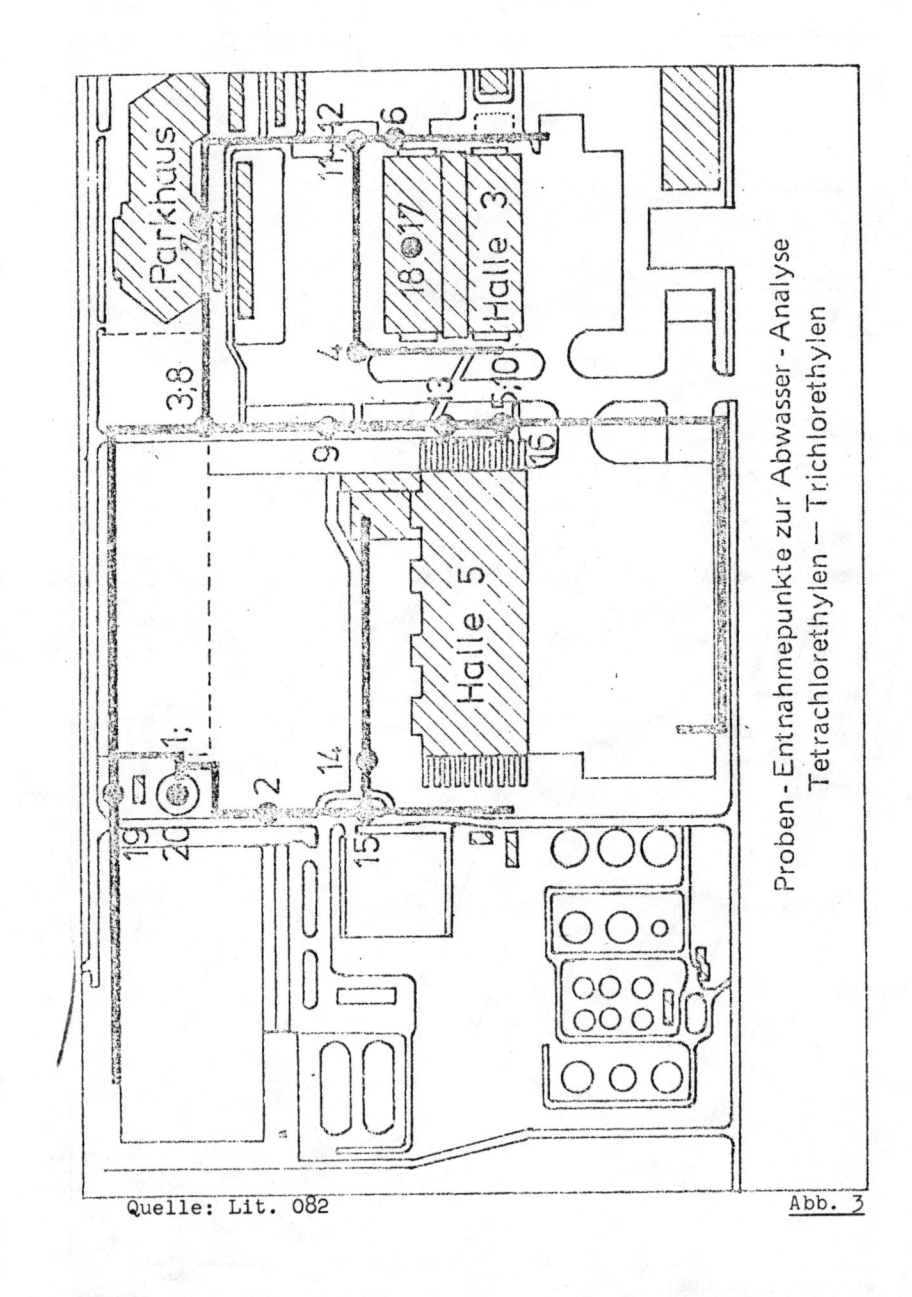

D-116

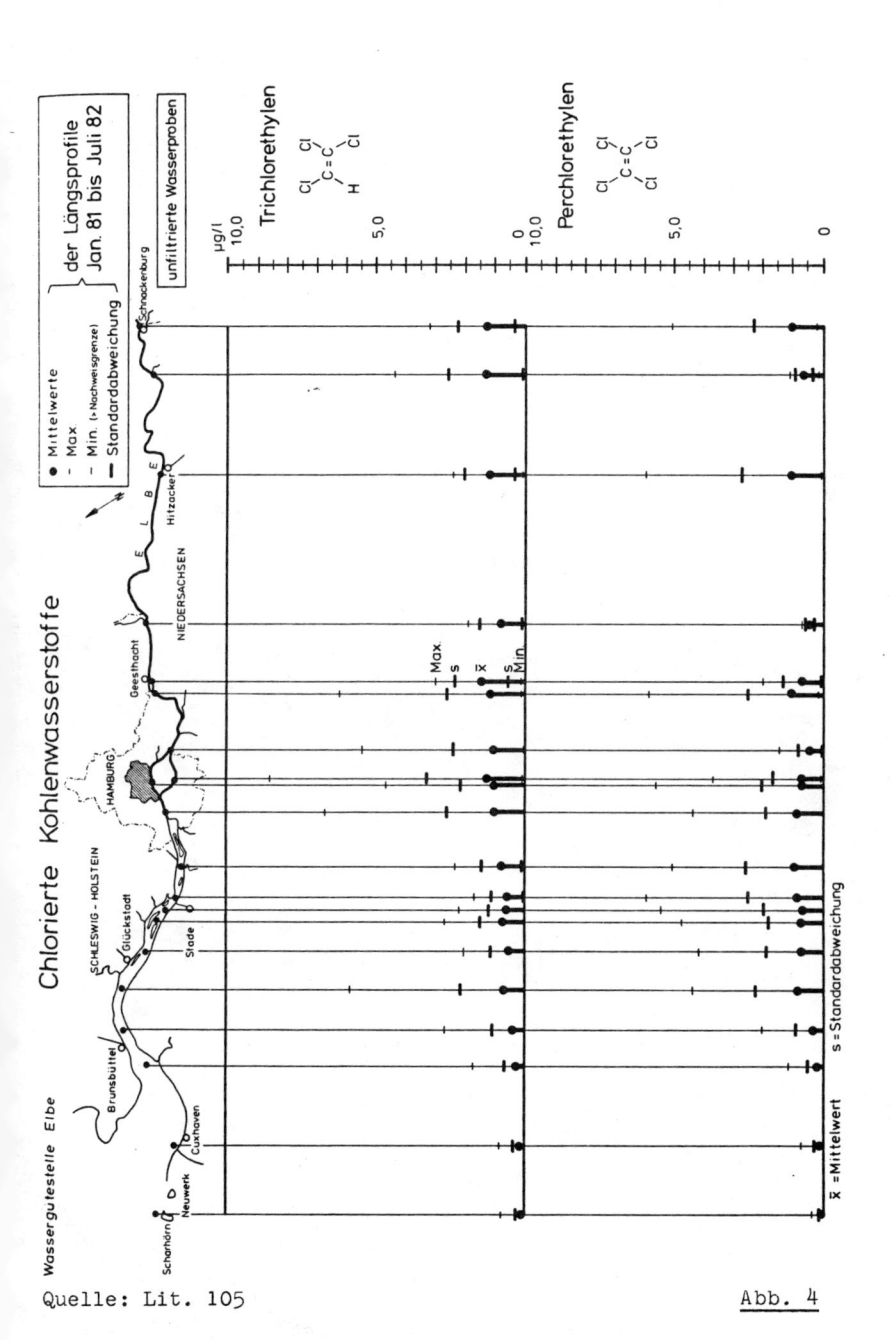

Längsprofil der Tri- und Perchlorethylen - Mittelwerte (Januar 81 - Juli 82)

Quelle: Lit. 105

Abb. 4

11. LITERATUR

001. Gordon, A.J. and R.A. Ford. 1972. The Chemists Companion.
     A Handbook of Practical Data, Techniques, and References.
     New York.

002. Selenka, F. und U. Bauer. 1977. Erhebung von Grundlagen zur
     Bewertung von Organochlorverbindungen im Wasser.
     Institut für Hygiene, Ruhr-Universität Bochum. Abschluß-
     bericht: 1-217.

003. Hommel, G. 1980. Handbuch der gefährlichen Güter.
     Merkblätter 1-414, Springer Verlag.

004. McConnell, G., D.M. Ferguson, and C.R. Pearson. 1975. Chlo-
     rierte Kohlenwasserstoffe in der Umwelt.
     Endeavour, 34, 121: 13-18.

005. Environmental Research Program of the Federal Minister of
     the Interior. September 1979. Research Plan No. 104 01 073.
     Expertise on the Environmental Compatibility Testing of
     Selected Products of the Chemical Industry.
     Volume 1-4, SRI. A Research Contract by Umweltbundesamt.

006. WHO. 1976. Health Hazards from New Environmental Pollutants.
     Technical Report Series No. 586: 1-96.

007. Hauschild, F. 1961. Pharmakologie und Grundlagen der Toxiko-
     logie.
     Leipzig: 1-1160.

008. Weast, R.C. 1977-78. CRC Handbook of Chemistry and Physics.
     58th Edition. Chemical Rubber Company. Cleveland, Ohio.

009. Datenbank für wassergefährdende Stoffe (DABAWAS). 1982.
     Institut für Wasserforschung, Dortmund.

11. LITERATUR

010. Informationssystem für Umweltchemikalien, Chemieanlagen und Störfälle (INFUCHS). 1982. Teilsystem Datenbank für wassergefährdende Stoffe (DABAWAS). Umweltbundesamt - UMPLIS, 1982.

011. Wasserschadstoff-Katalog. 1979. Herausgegeben vom Institut für Wasserwirtschaft, Berlin.

012. Anonym. 1980. Die Erfassung von Umweltchemikalien in Bayern. Materialien 10. Bayerisches Staatsministerium für Landesentwicklung und Umweltfragen.

013. Löchner, F. 1976. Perchloräthylen - eine Bestandsaufnahme. Umwelt, 6.

014. ECDIN. 1982. A Data Bank on Chemical Substances of Environmental Importance.

015. Anna, H. und J. Alberti. 1978. Herkunft und Verwendung von Organohalogenverbindungen und ihre Verbreitung in Wasser und Abwasser.
Wasser '77: d. techn.-wissenschaftl. Vorträge auf dem Kongreß Wasser Berlin 1977: 154-158.

016. Kühn, W. und R. Sander. 1978. Vorkommen und Bestimmung leichtflüchtiger Chlorkohlenwasserstoffe.
In: Gesundheitliche Probleme der Wasserchlorung und Bewertung der dabei gebildeten halogenierten organischen Verbindungen. Sonneborn, M. (Hrsg.) Schriftenreihe des Instituts für Wasser-, Boden- und Lufthygiene des Bundesgesundheitsamtes, 3, 30.

017. Rijncommissie Waterleidingsbedrijven, RIWA. 1980. Bericht über die Untersuchung der Beschaffenheit des Rheinwassers in der fließenden Welle von Köln bis Hoek van Holland am 23. und 24. April 1980.

11. LITERATUR

018. Bauer, U. 1981. Belastung des Menschen durch Schadstoffe in der Umwelt - Untersuchungen über leicht flüchtige organische Halogenverbindungen in Wasser, Luft, Lebensmitteln und im menschlichen Gewebe. I. Mitteilung: Eigenschaften, Verbreitung und Wirkung leicht flüchtiger Organohalogenverbindungen - Untersuchungsmethodik.
Zbl. Bakt. Hyg., I. Abt. Orig. B 174: 15-56.

019. Dilling, W.L.; N.B. Tefertiller, and G.J. Kallos. 1975. Evaporation Rates and Reactivities of Methylene Chloride, Chloroform, 1,1,1-Trichloroethane, Trichloroethylene, and Other Chlorinated Compounds in Dilute Aqueous Solutions Environmental Sci. Technol., 9: 833-838.

020. Surfleet, B. 1974. Electrical Methods of Pollution Control for the Metal Finishing.
Plastic and Chemical Industries: 1-21.

021. Neely, W.B., D.R. Branson, and G.E. Blau. 1974. Partition Coefficient to Measure Bioconcentration Potential of Organic Chemicals in Fish.
Environm. Sci. Technol., 8: 1113-1115.

022. Bringmann, G. und R. Kühn. 1982. Ergebnisse der Schadwirkung wassergefährdender Stoffe gegen Daphnia magna in einem weiterentwickelten standardisierten Testverfahren.
Z. Wasser/Abwasser-Forschung, 15, 1: 1-6.

023. Berlow, J.R., H.D. Feiler, and P.J. Storch. 1980. Paint and Ink Industry Toxic Pollutants Control.
Proceedings of the 35th Industrial Waste Conference, May 13, 14, and 15, 1980. Purdue University, Lafayette, Indiana.

11. LITERATUR

024. Environmental Protection Agency. 670/4-74-008. November 1974.
The Occurrence of Organohalides in Chlorinated Drinking Waters.
Bellar, T.A., J.J. Lichtenberg, and R.C. Kroner (Authors).
Environmental Monitoring Series. J. Amer. Wat. Wks. Assoc.
12: 703.

025. Bertram, H.P. und F.H. Kemper. Januar 1977. Halogenierte Kohlenwasserstoffe in der Umwelt.
Deutsches Ärzteblatt, 3: 157-163.

026. Bouwer, E.J., B.E. Rittmann, and P.L. McCarty. 1981.
Anaerobic Degradation of Halogenated 1- and 2-Carbon Organic Compounds.
Environ. Sci. Technol., 15, 5: 596-599.

027. Correia, Y., G.J. Martens, F.H. Van Mensch, and B.P. Whim.
1977. The Occurrence of Trichloroethylene, Tetrachloroethylene and 1,1,1-Trichloroethane in Western Europe in Air and Water.
Atmospheric Environment, 11: 1113-1116.

028. Coleman, W.E., R.D. Lingg, R.G. Melton, and F.C. Kopfler.
1976. The Occurrence of Volatile Organics in Five Drinking Water Supplies Using Gas Chromatography/Mass Spectrometry.
In: Identification and Analysis of Organic Pollutants in Water. (Ed. L.H. Keith). Ann Arbor Science Publishers Inc.
Mich., 21: 305-327.

029. Dietz, F., J. Traud und P. Koppe. 1982. Leichtflüchtige Halogenkohlenwasserstoffe in Abwässern und Schlämmen.
Vom Wasser, 58: 187-205.

11. LITERATUR

030. Fujii, T. 1977. Direct Aqueous Injection Gas Chromatography-Mass Spectrometry for Analysis of Organohalides in Water at Concentrations Below the Parts Per Billion Level.
Journal of Chromatography, 139: 297-302.

031. Fielding, M., T.M. Gibson, and H.A. James. 1981. Levels of Trichloroethylene, Tetrachloroethylene and p-Dichlorobenzene in Groundwaters.
Environmental Technology Letters, 2: 545-550. Science and Technology Letters.

032. Pearson, C.R. and G. McConnell. 1975. Chlorinated C_1 and C_2 Hydrocarbons in the Marine Environment.
Proceedings of the Royal Society of London, Series B, 189: 305-332.

033. Grob, K. and G. Grob. 1974. Organic Substances in Potable Water and in Its Precursor. Part II. Applications in the Area of Zürich.
Journal of Chromatography, 90: 303-313.

034. Giger, W. 1977. Inventory of Organic Gases and Volatiles in the Marine Environment.
Marine Chemistry, 5: 429-442.

035. Murray, A.J. and J.P. Riley. 1973. Occurrence of Some Chlorinated Aliphatic Hydrocarbons in the Environment.
Nature, 242: 37-38.

036. Goldberg, E.D. 1975. Marine Pollution.
In: Chemical Oceanography, 3: 39-89. J.P. Riley and G. Skirrow (Eds.). Academic Press, London.

11. LITERATUR

037. Kühn, W. 1978. Veränderung des Gehalts von Organohalogenverbindungen im Wasser bei der Trinkwassergewinnung und -aufbereitung.
Wasser '77: d. techn.-wissenschaftl. Vorträge auf dem Kongreß Wasser Berlin 1977, 1: 168-173.

038. Dietz et al. 1973. Niedermolekulare Chlorkohlenwasserstoffe.
Vom Wasser: 41.

039. Landesamt für Wasserhaushalt und Küsten Schleswig-Holstein. 1981. Gewässerüberwachung.

040. Tabak, H.H., S.E. Quave, C.I. Mashni, E.F. Barth. October 1981. Biodegradability Studies with Organic Priority Pollutant Compounds.
Journal WPCF, 53, 10: 1503-1518.

041. Thomason, M., M. Shoults, and W. Bertsch. 1978. Study of Water Treatment Effects on Organic Volatiles in Drinking Water.
Journal of Chromatography, 158: 437-447.

042. Stieglitz, L., W. Roth und W. Kühn. 1976. Das Verhalten von Organohalogenverbindungen bei der Trinkwasseraufbereitung.
Vom Wasser, 47: 347-377.

043. National Academy of Sciences. 1975. Assessing Potential Ocean Pollutants.
A Report of the Study Panel on Assessing Potential Ocean Pollutants to the Ocean Affairs Board Commission on Natural Resources. National Research Council. Chapter 4. Synthetic Organic Chemicals.

11. LITERATUR

044. Schwarzenbach, R.P., E. Molnar-Kubica, W. Giger, and S.G. Wakeham. November 1979. Distribution, Residence Time, and Fluxes of Tetrachloroethylene and 1,4-Dichlorobenzene in Lake Zurich, Switzerland.
Environmental Science & Technology, 13: 1367-1373.

045. Giger, W., E. Molnar-Kubica, and S. Wakeham. 1978. Volatile Chlorinated Hydrocarbons in Ground and Lake Waters.
In: Aquatic Pollutants. Transformation and Biological Effects. Hutzinger, O., J.H. Van Lelyveld, and B.C.J. Zoeteman (Eds.): 101-123. Pergamon Press, Oxford and New York.

046. Landesamt für Wasser und Abfall Nordrhein-Westfalen. Oktober 1980. Ergebnisse der Gewässergüteüberwachung durch Wasserkontrollstationen und das Laborschiff "Max Prüß". Düsseldorf.

047. Anonym. 1981. Organische Halogenverbindungen bei Einleitung in öffentliche Abwasseranlagen - Vollzug der Indirekteinleiter-Richtlinien.
Vortragsmanuskript zum 16. Weiterbildungslehrgang "Gewässerschutz" am 31.3. und 1.4.1981.

048. Kühn, W. 1981. Grenzwerte für organische Wasserinhaltsstoffe. Bericht über die Ergebnisse einer Arbeitstagung der Weltgesundheitsorganisation (WHO) vom 18.-25.11.1980 in Ottawa (Kanada). DVGW-Forschungsstelle am Engler-Bunte-Institut der Universität Karlsruhe (TH).

049. Martindale. 1972. The Extra Pharmacopoeia.
26. Auflage.
Zitiert in: Lit. 004.

050. Roth. 1982. Wassergefährdende Stoffe.
Ecomed Verlagsgesellschaft mbH.

11. LITERATUR

051. National Academy of Sciences. 1977. Drinking Water and Health Safe Drinking Water Committee. Washington, D.C.

052. Environmental Protection Agency. 906/10-74-002. 1974. Draft Analytical Report New Orleans Area Water Supply Study. Prepared and Submitted by Lower Mississippi River Facility. Slidell, La Surveillance and Analysis Division, Region VI, Dallas, Texas.

053. Environmental Protection Agency. 540/1-75-006. 1975. Initial Scientific and Minieconomic Review of Bromacil. Office of Pesticide Programs, Washington, D.C.

054. Althaus, H. und K.-D. Jung. 1973. Wirkungskonzentration (gesundheits)-schädigender bzw. toxischer Stoffe in Wasser für niedere Wasserorganismen sowie kalt- und warmblütige Wirbeltiere einschließlich des Menschen bei oraler Aufnahme des Wassers oder Kontakt mit dem Wasser. Ministerium für Ernährung, Landwirtschaft und Forsten des Landes Nordrhein-Westfalen, Düsseldorf. Hygiene-Institut des Ruhrgebiets, Gelsenkirchen.

055. Vogel, H. 1981. Jahresbericht 1981 des Chemischen und Lebensmittel-Untersuchungsamtes der Landeshauptstadt Düsseldorf.

056. Commission of the European Communities. September 1976. Final Report: Noxious Effects of Dangerous Substances in the Aquatic Environment.

057. Knöfler, L. und M. Wüstefeld. Februar 1980. Aufbereitung der Ergebnisse aus Forschungsvorhaben der Interministeriellen Projektgruppe Umweltchemikalien, Forschungsgruppe "Organohalogenverbindungen". Auftrags-Nr. 431-1720-10/11. Schlußbericht an den Bundesminister für Jugend, Familie und Gesundheit.

11. LITERATUR

058. Environmental Protection Agency. June 1975. Preliminary Assessment of Suspected Carcinogens in Drinking Water (Appendices). Interim Report to Congress. U.S. Environmental Protection Agency, Washington: 214.

059. Environmental Protection Agency. April 1975. Identification of Organic Compounds in Effluents from Industrial Sources.

060. Bauer, U. 1981. Belastung des Menschen durch Schadstoffe in der Umwelt - Untersuchungen über leicht flüchtige organische Halogenverbindungen in Wasser, Luft, Lebensmitteln und im menschlichen Gewebe. III. Mitteilung: Untersuchungsergebnisse.
Zbl. Bakt. Hyg., I. Abt. Orig. B 174: 200-237.

061. Kölle, W., K.-H. Schweer, H. Güsten und L. Stieglitz. 1972. Identifizierung schwer abbaubarer Schadstoffe im Rhein und Rheinuferfiltrat.
Vom Wasser, 39: 109-119.

062. Kotzias, Klein und F. Korte. 1975. Beiträge zur ökologischen Chemie CVI. Vorkommen von Xenobiotika im Sickerwasser von Mülldeponien.
Chemosphere, 5: 301-306.

063. McConnell, G. 1977. Halo-Organics in Water Supplies.
Journal of the Institution of Water Engineers and Scientists, 31: 431 ff.

064. Dietz, F. und J. Traud. 1973. Bestimmung niedermolekularer Chlorkohlenwasserstoffe in Wässern und Schlämmen mittels Gaschromatographie.
Vom Wasser, 41: 137-155.

11. LITERATUR

065. Matthews, P.J. 1975. Limits for Volatile Organic Liquids in Sewers.
Effluent and Water Treatment Journal, 15: 565-567.

066. Rook, J.J., A.P. Meijers, A.A. Gras, und A. Noordsij. 1975. Headspace Analyse flüchtiger Spurensubstanzen im Rhein.
Vom Wasser, 44: 23-30.

067. Anonym. 1982. Chemical Economics Handbook (CEH).
Chemical Information Services. Stanford Research Institute.

068. Dowty, B.J., D.R. Carlisle, and J.L. Laseter. 1975. New Orleans Drinking Water Sources Tested by Gas Chromatography-Mass Spectrometry. Occurrence and Origin of Aromatics and Halogenated Aliphatic Hydrocarbons.
Environmental Science & Technology, 9: 762-765.

069. Murray, A.J. and J.P. Riley. 1973. The Determination of Chlorinated Aliphatic Hydrocarbons in Air, Natural Water, Marine Organisms, and Sediments.
Analytica Chimica, 65: 261-270.

070. Jensen, S. and R. Rosenberg. 1975. Degradability of Some Chlorinated Aliphatic Hydrocarbons in Sea Water and Sterilized Water.
Water Research, 9: 659-661.

071. Swanwick, J.D. and M. Foulkes. 1971. Inhibition of Anaerobic Digestion of Sewage Sludge by Chlorinated Hydrocarbons.
Wat. Pollut. Control, 70: 58-70.

072. Münzer, M. und K. Heder. 1972. Ergebnisse der arbeitsmedizinischen und technischen Überprüfung chemischer Reinigungsbetriebe.
Zentralblatt für Arbeitsmedizin und Arbeitsschutz, 22: 133-138.

11. LITERATUR

073. Commission of the European Communities. 1979. Analysis of Organic Micropollutants in Water. Cost-Project 64 b. Third Edition, Volume II.

074. Anonym. 1982. Verhalten von leichtflüchtigen Chlorkohlenwasserstoffen im Untergrund und Sanierungsmöglichkeiten von Schadensfällen. Ministerium für Ernährung, Landwirtschaft, Umwelt und Forsten Baden-Württemberg. Stand: April 1982.

075. Anonym. 1982. Halogenorganische Verbindungen in der Umwelt. Umweltbundesamt.

076. Stozek, A. und W. Beumer. 1979. Chlorkohlenwasserstoffe - eine zunehmende Gefährdung der Gewässer. Korrespondenz Abwasser, 11.

077. McGovern, E.W. 1943. Chlorohydrocarbon Solvents. Ind. Eng. Chem., 35: 1230 ff.

078. Kühn, W. 1981. Organische Chlorverbindungen in der Umwelt und im Grundwasser.

079. Anonym. 1976. Statement Perchloräthylen. Technischer Arbeitskreis "Halogenkohlenwasserstoffe" im Verband der Chemischen Industrie. 4. Oktober 1976.

080. Statistisches Bundesamt Wiesbaden. 1979-1980. Produktion im Produzierenden Gewerbe nach Waren und Warengruppen. Produzierendes Gewerbe, Reihe 3.1, 1981, 1982.

11. LITERATUR

081. Environmental Protection Agency. 440-4-79-029. Water-Related Environmental Fate of 129 Priority Pollutants. Volume I: Introduction and Technical Background, Metals and Inorganics, Pesticides and PCBs.
Callaha, M.A., M.W. Slimak, N.W. Gabl, J.P. May, C.F. Fowler, J.R. Freed, P. Jennings, R.L. Durfee, F.C. Whitmore, B. Maestri, W.R. Mabey, B.R. Holt, and C. Gould (Authors).

082. Fritschi, G., V. Neumayr und V. Schinz. 1979. Tetrachlorethylen und Trichlorethylen im Trink- und Grundwasser. WaBoLu-Berichte, 1. Institut für Wasser-, Boden- und Lufthygiene des Bundesgesundheitsamtes. Dietrich Reimer Verlag.

083. Deutsche Forschungsgemeinschaft (DFG). 1983. Maximale Arbeitsplatzkonzentrationen und Biologische Arbeitsstofftoleranzwerte 1983.
Mitteilung XIX der Senatskommission zur Prüfung gesundheitsschädlicher Arbeitsstoffe. Verlag Chemie, Weinheim.

084. Cees, B., J. Zoeteman, and G.J. Piet. 1974. Cause and Identification of Taste and Odour Compounds in Water. The Science of the Total Environment, 3: 103-115.

085. Kopfler, F.C., R.G. Melton, J.L. Mullaney, and R.G. Tardiff. 1975. Human Exposure to Water Pollutants.
Paper Presented at the Division of Environmental Chemistry Meeting. American Chemical Society, Philadelphia, Pennsylvania. April 6-11, 1975.

086. Saunders, R.A., C.H. Blachly, T.A. Kovacina, R.A. Lamontagne, J.W. Swinnerton, and F.E. Saalfeld. 1975. Identification of Volatile Organic Contaminants in Washington D.C. Municipal Water.
Water Research, 9: 1143-1145.

11. LITERATUR

087. Bertsch, W., E. Anderson, and G. Holzer. 1975. Trace Analysis of Organic Volatiles in Water by Gas Chromatography- Mass Spectrometry With Glass Capillary Columns.
Journal of Chromatography, 112: 701-718.

088. Private Mitteilung.
Zitiert in: Lit. 010.

089. Zürcher, F. und W. Giger. 1976. Flüchtige organische Spurenkomponenten in der Glatt.
Vortrag, Kiel 24.5.1976. Fachgruppe Wasserchemie in der GDCh. Vom Wasser, to be Published 1976.
Zitiert in: Lit. 002 (Berichterstattung 1977).

090. Essing, H.-G. 1975. Feldstudie zur Frage der Hepato- und Nephrotoxizität des Perchloräthylens nach langjähriger beruflicher Exposition.
Habilitationsschrift, Universität Erlangen-Nürnberg.

091. Gäb, S. 1981. Zum Umweltverhalten der leichtflüchtigen Chlorkohlenwasserstoffe.
In: Gefährdung von Grund- und Trinkwasser durch leichtflüchtige Chlorkohlenwasserstoffe. Aurand, K. und M. Fischer (Hrsg.). WaBoLu-Berichte, 3: 55-61.

092. Wacker-Chemie GmbH: eigene Arbeiten.
Zitiert in: Lit. 013 und Lit. 079.

093. Persönliche Mitteilung des Verbandes der Chemischen Industrie. 1978.
Zitiert in: Lit. 012.

094. Persönliche Mitteilung des Bayerischen Staatsministeriums für Wirtschaft und Verkehr. 1978.
Zitiert in: Lit. 012.

11. LITERATUR

095. Kunz, W. 1977.
Vierteljahresschrift Naturforsch. Ges. Zürich, 3: 250-337.

096. Schwarzenbach, R.P., E. Molnar, W. Giger, and S.G. Wakeham.
Unpublished Data.
Zitiert in: Lit. 044.

097. Fuchs, F. und Th. Stäheli. 1978.
10. Bericht der Arbeitsgem. Wasserwerke Bodensee-Rhein (AWBR): 152-163.

098. Neumayr, V. 1981. Verteilungs- und Transportmechanismen von chlorierten Kohlenwasserstoffen in der Umwelt.
In: Gefährdung von Grund- und Trinkwasser durch leichtflüchtige Chlorkohlenwasserstoffe. Aurand, K. und M. Fischer (Hrsg.). WaBoLu-Berichte, 3: 24-40.

099. Brown, D. 1978. Chlorinated Solvents in Sewage Works.
Eff. and Wat. Treat. J., 18, 3: 110.

100. Anonym. Zunahme von Chlorkohlenwasserstoffen aus dem Lösemittelbereich in Oberflächenwässern - deren Rückgewinnung bzw. Eliminierung speziell aus Wasser.
Umweltbundesamt.

101. Weil, L., K.E. Quentin und G. Rönicke. 1973. Pestizidpegel des Luftstaubs in der Bundesrepublik.
Kommission zur Erforschung der Luftverunreinigung, Mitteilung VIII.

102. Dulson, W. 1978. Organisch-chemische Fremdstoffe in atmosphärischer Luft. Gaschromatographisch/massenspektrometrische Submikrobestimmung und Bewertung von Luftverunreinigungen in einer Großstadt.
Schriftenreihe des Vereins für Wasser-, Boden- und Lufthygiene, Gustav Fischer-Verlag.

11. LITERATUR

103. Ruf, M. und K. Scherb. 1977. Ergebnisse von Versuchen zum Ausdampfen einiger niedermolekularer Chlorkohlenwasserstoffe aus einem Fließgerinne. Abwassertechnik, 2: 16-17.

104. Ruf, M. und K. Scherb. 1977. Ergebnisse von Versuchen zum Ausdampfen einiger niedermolekularer Chlorkohlenwasserstoffe aus einem Fließgerinne. Abwassertechnik, 3: 16-19.

105. Arbeitsgemeinschaft für die Reinhaltung der Elbe. Chlorierte Kohlenwasserstoffe - Daten der Elbe -. Bericht über die Ergebnisse des Schwerpunktmeßprogramms Chlorierte Kohlenwasserstoffe im Elbabschnitt von Schnackenburg bis zur Nordsee 1980 - 1982.

1,1-Dichlorethylen

CAS-NUMMER 75-35-4

STRUKTUR- UND SUMMENFORMEL

$C_2H_2Cl_2$

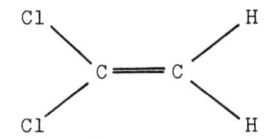

```
Cl          H
  \        /
   C  ==  C
  /        \
Cl          H
```

MOLEKULARGEWICHT 96,95 g/mol

1. BEZEICHNUNGEN, HANDELSTRIVIALBEZEICHNUNGEN[1]

Für 1,1-Dichlorethylen gibt es nur relativ wenig verschiedene Bezeichnungen.

Häufig verwendet werden:

 Vinylidene Chloride, 1,1-Dichloroethene.

---
[1] Datenliste Seite 319

2. PHYSIKALISCH-CHEMISCHE EIGENSCHAFTEN[1]

Die Informationen über physikalisch-chemische Eigenschaften von 1,1-Dichlorethylen sind in der Datenliste zusammengestellt. Im folgenden werden häufig angeführte Eigenschaften und Daten wiedergegeben.

DICHTE	1,22 g/cm^3 bei 20 °C
DAMPFDRUCK	67 000 Pa bei 20 °C
WASSERLÖSLICHKEIT	400 mg/l bei 20 °C
OKTANOL/WASSER-VERTEILUNGSKOEFFIZIENT (P)	log P 1,48
Schmelzpunkt	-122,1 °C
Siedepunkt	37 °C

3. ANWENDUNGSBEREICHE UND VERBRAUCHSSPEKTREN[2]

1,1-Dichlorethylen wird hauptsächlich in der Industrie gebraucht. Es findet als ein wichtiges Monomer bei der Herstellung von Methylchloroform, Saran und anderen Kunststoffen Verwendung. Berichten zufolge sollen in den USA mehr als 90 % zur Herstellung von Kopolymer-Harzen verwendet werden.

Es wird mitgeteilt, daß etwa 20 % in geschlossenen Systemen und etwa 80 % in der Industrie zur Anwendung kommen.

---

[1] Datenliste Seite 321-329
[2] Datenliste Seite 330-331

4. HERSTELLUNG[1]

Produktion, Import, Export, Verbrauch

4.1 Bundesrepublik Deutschland

Für das Jahr 1975 wird eine Produktionsmenge von 30 000 t angegeben.

Andererseits liegt nach neueren Berichten die Jahreskapazität bei 2 494 000 t. Folgende Hersteller und Kapazitäten werden genannt (Stand 1.1.1982):

Hersteller	Jahreskapazität (t)
BASF	130 000
Chemische Werke Hüls	240 000
Deutsche ICI	500 000
Deutsche Solvay-Werke	350 000
Dow Chemical	270 000
Dynamit Nobel	180 000
Hoechst Gendort	267 000
Hoechst Knapsack	167 000
Wacker-Chemie	390 000

4.2 Europäische Gemeinschaft (EG)

Angaben über Produktion und Jahreskapazitäten sind in der Datenliste wiedergegeben.

---

[1] Datenliste Seite 332-349

4.3 Westeuropa

Angaben zu Produktionsmenge oder Verbrauch von 1,1-Dichlorethylen in Westeuropa liegen nicht vor. Allerdings gibt es Berichte über die Kapazitäten (s. Datenliste).

Für Westeuropa wird eine Jahreskapazität (1982) von 10 581 000 t angegeben.

4.4 USA

In der Datenliste werden die für den Zeitraum 1955-1980 mitgeteilten Produktionsmengen wiedergegeben. Angaben aus verschiedenen Berichten unterscheiden sich zum Teil. Für das Jahr 1980 kann ein Wert zwischen 5 und 6 Mio t angenommen werden.

4.5 Andere Länder

Produktions- und Verbrauchsmengen-Angaben liegen nicht vor. Allerdings werden eine Reihe von Herstellern und ihre Jahreskapazitäten genannt (s. Datenliste).

Für Japan wird eine Jahreskapazität (1982) von 3 277 000 t mitgeteilt.

4.6 Welt

In der folgenden Tabelle sind für Amerika, Westeuropa und Japan geschätzte Produktions-, Verbrauchs-, Import- und Export-Mengen zusammengestellt worden (1979, Angaben in t):

	Produktion	Import	Export	Verbrauch
Nordamerika	6 317 000	10 000	427 000	5 899 000
Kanada	600 000	0	150 000	450 000
Mexiko	-	-	-	-
Vereinigte Staaten	5 717 000	10 000	277 000	5 449 000
Westeuropa	6 423 000	106 000	130 000	6 367 000
Japan	2 934 000	202 000	0	2 732 000

5. TOXIKOLOGIE

Maximale Arbeitsplatzkonzentrationen

Bundesrepublik Deutschland 1983

MAK	
ml/m^3 (ppm)	mg/m^3
10	40

Verweis auf Abschnitt III B "Stoffe mit begründetem Verdacht auf krebserzeugendes Potential". DFG, 1983.

6. ÖKOTOXIKOLOGIE[1]

Hydrosphäre

6.1 Fisch-Toxizität

In der Literatur werden unterschiedliche Angaben zur Fisch-Toxizität gemacht. Für einige Fische können folgende LC_{50}-Werte wiedergegeben werden:

LC_{50}	96 h,	*Pimephales promelas (statisch)	169	mg/l
LC_{50}	96 h,	*Pimephales promelas (Durchfluß)	108	mg/l
LC_{50}	13 Tage,	*Pimephales promelas	29	mg/l
LC_{50}	96 h,	*Lepomis macrochirus (statisch)	73,9	mg/l
LC_{50}	96 h,	*Cyprinodon variegatus (statisch)	249	mg/l
LC_{50}	24 h,	*Cyprinodon variegatus	250	mg/l
LC_{50}	96 h,	Menidia beryllina (statisch)	250	mg/l

6.2 Daphnien-Toxizität

Für *Daphnia magna werden folgende Werte mitgeteilt:

EC_{50}	48 h	11,6	mg/l
EC_{50}	48 h	79	mg/l
LC_{50}	24 h	98	mg/l
EC_{50}		132	mg/l

---

[1] Datenliste Seite 351-355

* In den OECD-Richtlinien angegebener Test-Organismus

6.3 Algen-Toxizität

In der Datenliste sind einige EC-Werte wiedergegeben.

7. ELIMINATION - ABBAU - PERSISTENZ[1]

7.1 Elimination

Es liegen keine Informationen vor.

7.2 Biotischer Abbau

Über den biotischen Abbau von 1,1-Dichlorethylen im aquatischen Lebensraum liegen keine Angaben vor.

7.3 Abiotischer Abbau

Photolyse

Informationen über die Photodissoziation von 1,1-Dichlorethylen im aquatischen Bereich liegen nicht vor. Als troposphärische Halbwertszeit werden 8 Wochen angegeben.

Oxidation

Es liegen keine direkten Angaben über die Oxidation im aquatischen Bereich vor. Für Verbindungen, die als analog zu 1,1-Dichlorethylen bezeichnet werden, werden Ergebnisse mitgeteilt, auf die hier jedoch wegen der geringen Aussagefähigkeit nicht eingegangen wird.

---

[1] Datenliste Seite 356-358

Hydrolyse

Genaue Angaben zur Hydrolyse in Gewässern konnten nicht beschafft werden.

8. AKKUMULATION[1]

8.1 Bioakkumulation

Es liegen keine Informationen vor. Allerdings werden ein berechneter Biokonzentrationsfaktor von 4 und ein Bioakkumulationsfaktor von 6,9 für Fische mitgeteilt[2].

8.2 Sonstiges Vorkommen

Es liegen keine Informationen vor.

9. KONZENTRATION IM WASSER[3]

9.1 Oberflächenwasser - Bundesrepublik Deutschland

Für den Rhein (1979) wird eine Konzentration von 0,3 - 80 µg/l angegeben.

---

[1] Datenliste Seite 359
[2] Der Wert wird für Dichlorethylen angegeben.
[3] Datenliste Seite 360-362

9.2 Sonstige Wässer

Abwasser, Regenwasser, Grundwasser

Es liegen keine Angaben vor.

Trinkwasser

Angaben über 1,1-Dichlorethylen-Konzentrationen im Trinkwasser der Bundesrepublik Deutschland liegen nicht vor. Aus den USA werden Werte von < 0,1 und 0,1 μg/l, sowie < 5 μg/l genannt.

10. ABFALL

Informationen oder Daten über Abfallmenge und -beseitigung von 1,1-Dichlorethylen konnten nicht beschafft werden.

1. IDENTIFIZIERUNG

		LIT.
1.1	CHEMISCHE BEZEICHNUNG	
	1,1 - D I C H L O R E T H Y L E N	
1.1.1	WEITERE BEZEICHNUNGEN, EINSCHL. HANDELSTRIVIAL-BEZEICHNUNGEN	
	Acetylendichlorid - 1,1 Chlorure de Vinylidene 1,1-DCE 1,1-Dichloräthen 1,1-Dichloroethene 1,1-Dichloroethylene Ethene, 1,1-Dichloro- Ethylene, 1,1-Dichloro- NCI-C54262 Vinylidenchlorid Vinylidene Chloride Vinylidene Chloride (II) Vinylidenechloride Monomer	01 und 05

1. IDENTIFIZIERUNG

			LIT.
1.1.2	CAS-NUMMER	75-35-4	

1.2 STRUKTUR

1.2.1 STRUKTURFORMEL UND SUMMENFORMEL

$C_2H_2Cl_2$

$$\begin{array}{c} Cl \\ \\ Cl \end{array} C = C \begin{array}{c} H \\ \\ H \end{array}$$

1.2.2 MOLEKULARGEWICHT

Relative Molmasse   96,95 g/mol

1.2.3 ABSORPTIONSSPEKTRA (UV, IR, etc.)

λ_{max} [nm]   200   (Dampf)   12

2. PHYS.- CHEM. EIGENSCHAFTEN

	LIT.
2.1 SCHMELZPUNKT	
$-122,1$ °C	03
2.2 SIEDEPUNKT	
37 °C bei 760 Torr $\hat{=}$ 101 324,72 Pa	03
31,6 °C	22
31,9 °C	20
2.3 DICHTE	
$1,22$ g/cm^3 bei 20 °C	21
d_0^{20} 1,218 g/cm^3	03

2. PHYS.- CHEM. EIGENSCHAFTEN

		LIT.
2.4 DAMPFDRUCK		

		LIT.
67×10^3 Pa	bei 293 K[1]	12
$\triangleq$ 67 000 Pa	bei 293 K	
665 mbar	bei 20 °C	21
$\triangleq$ 66 500 Pa	bei 20 °C	
496,5 mm Hg	bei 20 °C	20
$\triangleq$ 66 194,37 Pa	bei 20 °C	
500 Torr	bei 20 °C	04
$\triangleq$ 66 661,0 Pa	bei 20 °C	15
599 Torr	bei 25 °C	04
$\triangleq$ 79 859,88 Pa	bei 25 °C	14
667 mbar	bei 20 °C	02
$\triangleq$ 66 700 Pa	bei 20 °C	

[1] "data achieved according to OECD test guideline"

2. PHYS.- CHEM. EIGENSCHAFTEN

2.4   DAMPFDRUCK   LIT.

      1 mm Hg   bei -77,2 °C   03
    ≙ 133,322 Pa   bei -77,2 °C

     10 mm Hg   bei -51,2 °C
    ≙ 1 333,22 Pa   bei -51,2 °C

     40 mm Hg   bei -31,1 °C
    ≙ 5 332,88 Pa   bei -31,1 °C

   100 mm Hg   bei -15,0 °C
   ≙ 13 332,2 Pa   bei -15,0 °C

   400 mm Hg   bei 14,8 °C
   ≙ 53 328,8 Pa   bei 14,8 °C

   760 mm Hg   bei 31,7 °C
  ≙ 101 324,72 Pa   bei 31,7 °C

2.5   OBERFLÄCHENSPANNUNG EINER WÄSSERIGEN LÖSUNG

2.	**PHYS.- CHEM. EIGENSCHAFTEN**	

		LIT.
2.6	WASSERLÖSLICHKEIT	
	400 parts/10^6 by mass bei 20 °C	16
	≙ 400 mg/l bei 20 °C	
	3,2 g/l bei 293 K^1	12
	0,021 Gew.-% bei 25 °C	04
	≙ 210 mg/l bei 25 °C	14
2.7	FETTLÖSLICHKEIT	

[1] "data achieved according to OECD test guideline"

2. PHYS.- CHEM. EIGENSCHAFTEN

		LIT.
2.8	VERTEILUNGSKOEFFIZIENT	

$\underline{\log P_{OW} = 1,48}$ (n-Oktanol/Wasser)   29 / 07

$\log P = 2,18$ (gemessen)   24

$\log P_{OW} = 1,87^1$ 12

Verteilungskoeffizient Wasser/Luft bei 20 °C: 16
0,16

2.9 ZUSÄTZLICHE ANGABEN

2.9.1 FLAMMPUNKT

-10 °C   21

-32 °C (geschlossenes Gefäß)   22

---

[1] "data achieved according to OECD test guideline"

2. PHYS.- CHEM. EIGENSCHAFTEN

		LIT.
2.9.2	EXPLOSIONSGRENZEN IN LUFT	
	5,6 Vol.-% untere Explosionsgrenze	28
	13 Vol.-% obere Explosionsgrenze	
	16 Vol.-% obere Explosionsgrenze	
	bezogen auf 20 °C, 760 Torr:	
	220 g/m^3 untere Explosionsgrenze	
	530 g/m^3 obere Explosionsgrenze	
	650 g/m^3 obere Explosionsgrenze	
2.9.3	ZÜNDTEMPERATUR	
	(440 °C)	28
2.9.4	ZÜNDGRUPPE (VDE)	
	G2	28

2. PHYS.- CHEM. EIGENSCHAFTEN

2.9.5 KOMPLEXBILDUNGSFÄHIGKEIT | LIT.

2.9.6 DISSOZIATIONSKONSTANTE (pKa-Wert)

2.9.7 STABILITÄT

2.9.8 HYDROLYSE

k_{hydr} s^{-1} $1,4 \times 10^{-13}$ (geschätzt) | 12

2. PHYS.- CHEM. EIGENSCHAFTEN

2.9.9 <u>KORROSIVITÄT (Redox-Potential)</u> | LIT.

2.9.10 <u>ADSORPTION/DESORPTION</u>

$K_{oc}^{1} = 32$ | 12

2.9.11 <u>TEILCHENGRÖSSE UND -FORM</u>

2.9.12 <u>VOLATILITÄT</u>

---

[1] berechnet nach P_{ow}

2. PHYS.- CHEM. EIGENSCHAFTEN

		LIT.
2.9.13	**VISKOSITÄT**	
2.9.14	**SÄTTIGUNGSKONZENTRATION** 2 640 g/m^3 bei 20 °C	21
2.9.15	**AGGREGATZUSTAND** flüssig	12
2.9.16	**SONSTIGE ANGABEN** Relative Gasdichte (Luft = 1) 3,35	02
	Sättigungskonzentration bei 20 °C: 2 655 g/m^3	02

3. ANGABEN ZUR VERWENDUNG

		LIT.
3.1	BESTIMMUNGSGEMÄSSE VERWENDUNGSZWECKE	
3.1.1	VERWENDUNGSARTEN	
	Bestandteil von Kopolymerisation von Verpackungen und Papierbeschichtung, Komonomer in einigen Modacrylfasern. Zwischenprodukt bei der Herstellung von 1,1,1-Trichlorethan.	06
	Flammschutzmittel	05 10
	Wichtiges Monomer bei der Herstellung von Methylchloroform, Saran und anderen Kunststoffen.	19
	Verbrauchsspektrum USA, 1974[1]:	13
	Verwendung bei der Herstellung von Kopolymer-Harzen > 90 %	
	Sonstige Verwendung (primär als Komonomer in Modakrylfasern) < 10 %	
	Verwendung: Kopolymerisation mit Vinylchlorid, Akrylnitril, Methakrylaten.	22

[1] Die Verwendungsmenge von 1,1-Dichlorethylen zur Produktion von 1,1,1-Trichlorethan wurde nicht berücksichtigt.

3. ANGABEN ZUR VERWENDUNG

		LIT.
3.1.2	ANWENDUNGSBEREICH MIT UNGEFÄHRER AUFGLIEDERUNG	
3.1.2.1	In geschlossenem System	06
	20 %......	
3.1.2.2	Produzierendes Gewerbe	
	......	
3.1.2.2.1	Industrie	
	80 %......	
3.1.2.2.2	Handwerk	
	......	
3.1.2.3	Landwirtschaft, Forsten, Fischerei	
	......	
3.1.2.4	Baugewerbe (ohne Handwerk)	
	......	
3.1.2.5	Dienstleistungsgewerbe	
	......	
3.1.2.6	Privater und öffentlicher Verbrauch	
	......	

4. HERSTELLUNG, IMPORT, EXPORT

		LIT.
4.1	<u>GESAMTHERSTELLUNG UND/ODER EINFUHR</u>	
	Bundesrepublik Deutschland	
	Produktion 1975 30 000 t	23
4.2	<u>HERGESTELLTE MENGE IN DER EG (Gesamt)</u>	
	Produktion 1978[1] rund 35 000 t	06

[1] Die Produktionsmenge ist wahrscheinlich zu niedrig angegeben (vgl. S. 349)

4. HERSTELLUNG, IMPORT, EXPORT

4.3 **HERGESTELLTE MENGE IN DEN EINZELNEN EG-LÄNDERN**   LIT.
(oder: Länder, die den Stoff herstellen)

Bundesrepublik Deutschland   06
England
Niederlande

Weitere Herstellungsländer und Produktionskapazitäten siehe Punkt 4.4.

4. HERSTELLUNG, IMPORT, EXPORT

4.4 WESTEUROPA   LIT.

Hersteller und Kapazitäten   11

Gesellschaft und Standort	Jahreskapazität am 1.1.1982 (t)
<u>Westeuropa</u>	10 581 000
<u>Belgien</u>	1 310 000
BASF Antwerpen nv (BASANT) (zu 100 % im Besitz der BASF AG) Antwerpen, Antwerpen	190 000
Limburgse Vinyl Maatschappij NV (zu 50 % im Besitz von DSM, 25 % von Tessenderlo Chemie SA und 25 % von Entreprise Miniere + Chimique (EMC)) Tessenderlo, Limburg	720 000
Solvic Jemeppe-sur-Sambre, Namur	400 000
<u>Finnland</u>	100 000
Pekema Oy (zu 91,5 % im Besitz von Neste Oy, 6,0 % von Enso-Gutzeit Oy und 2,5 % von Kemira Oy) Svartbaeck, Uusimaa	100 000

4. HERSTELLUNG, IMPORT, EXPORT

4.4   WESTEUROPA   LIT.

Fortsetzung Tabelle   11

Gesellschaft und Standort	Jahreskapazität am 1.1.1982 (t)
Frankreich	1 900 000
Chloe Chimie SA (zu 40,25 % im Besitz von Compagnie Francaise des Petroles SA, 40,25 % von Societe Nationale Elf-Aquitaine SA und 19,50 % von Rhone-Poulenc SA)	
Lavera, Bouches-du-Rhone	660 000
Saint-Auban, Alpes-de-Haute-Provence	180 000
Chlorure de Vinyle de Fos (zu 60 % im Besitz von Royal Dutch/ Shell Group und 40 % von Produits Chimiques Ugine Kuhlmann)	
Fos-Sur-Mer, Bouches-du-Rhone	330 000
Societe Dauphinoise de Fabrication Chimique (DAUFAC) (zu 50 % im Besitz von Rhone-Poulenc Industries SA und 50 % von Produits Chimique Ugine Kuhlmann)	
Jarrie, Isere	330 000
Solvay et Cie, SA (zu 100 % im Besitz von Solvay & Cie SA)	
Tavaux, Jura	400 000

4. HERSTELLUNG, IMPORT, EXPORT

4.4   WESTEUROPA   LIT.

Fortsetzung Tabelle   11

Gesellschaft und Standort	Jahreskapazität am 1.1.1982 (t)
Bundesrepublik Deutschland	2 494 000
BASF AG Ludwigshafen, Rheinland-Pfalz	130 000
Chemische Werke Huels AG (zu 87 % im Besitz der VEBA AG und 13 % der Chemie-Verwaltungs-AG) Marl, Nordrhein-Westfalen	240 000
Deutsche ICI GmbH (zu 100 % im Besitz von Imperial Chemical Industries Limited) Wilhelmshaven, Niedersachsen	500 000
Deutsche Solvay-Werke GmbH (zu mehr als 50 % im Besitz von Solvay & Cie SA) Rheinberg, Nordrhein-Westfalen	350 000
Dow Chemical GmbH (im Besitz von The Dow Chemical Company durch Dow Chemical AG) Stade, Schleswig-Holstein	270 000

4. HERSTELLUNG, IMPORT, EXPORT

4.4 WESTEUROPA

LIT. 11

Fortsetzung Tabelle

Gesellschaft und Standort	Jahreskapazität am 1.1.1982 (t)

Bundesrepublik Deutschland (Forts.)

Dynamit-Nobel AG
(zu 98 % im Besitz von Friedrich Flick Industrieverwaltung KGaA und 2 % von Thesaurus Continentale Effektengesellschaft, einer Schweizer Investment-Firma)
   Luelsdorf, Nordrhein-Westfalen   180 000

Hoechst AG
   Gendorf, Bayern   267 000
   Knapsack, Nordrhein-Westfalen   167 000

Wacker-Chemie GmbH
(zu 50 % im Besitz der Hoechst AG und 50 % von Wacker Familiengesellschaft mbH)
   Burghausen, Bayern   390 000

Griechenland   50 000

Ethyl Hellas Chemical Company, SA
(zu 100 % im Besitz der Ethyl Corporation)
   Thessaloniki, Thessalonikis   50 000

4. HERSTELLUNG, IMPORT, EXPORT

4.4 WESTEUROPA | LIT.

Fortsetzung Tabelle | 11

Gesellschaft und Standort	Jahreskapazität am 1.1.1982 (t)
Italien	1 605 000
ANIC, SpA	
(zu 88 % im Besitz der Italienischen Regierung, 2 % private Anteile und 10 % unbekannt)	
Gela, Sizilien	220 000
Montedison, SpA	
(im Besitz von Aktionären, einschließlich eines Abstimmungs-Syndikats, das 32,2 % der gesamten Aktien kontrolliert; ENI und IRI (staatliche Gesellsch.) besitzen gemeinsam 50 % der Anteile des Abstimmungs-Syndikats)	
Brindisi, Puglia	340 000
Mantova, Lombardy	200 000
Porto Marghera, Veneto	320 000
Priolo, Sicilien	175 000
Rumianca Sud, SpA	
(zu 100% im Besitz einer Finanzierungsgruppe)	
Assemini, Sardinien	100 000
SIR Consorzio Industriale, SpA	
(zu 100 % im Besitz einer Finanzierungsgruppe)	
Porto Torres, Sardinien	250 000

4. HERSTELLUNG, IMPORT, EXPORT

4.4 WESTEUROPA | LIT.

Fortsetzung Tabelle | 11

Gesellschaft und Standort	Jahreskapazität am 1.1.1982 (t)
Niederlande	840 000
AKZO Zout Chemie Nederland, BV (zu 100 % im Besitz von Akzo NV) Botlek, Holland, Zuid	840 000
Norwegen	
Norsk Hydro (zu 51,33 % im Besitz der Norwegischen Regierung, 19,11 % von französischen privaten Investoren und 11,64 % von privaten Investoren (andere Länder) Bamble, Telemark	500 000
Spanien	610 000
Aiscondel, SA (zu 67 % im Besitz der Monsanto Company, U.S.A. (durch Monsanto Overseas SA), und 33 % gemeinsam von einer Finanzierungsgruppe) Tarragona, Tarragona	250 000

4. HERSTELLUNG, IMPORT, EXPORT

4.4 WESTEUROPA

	LIT.
	11

Fortsetzung Tabelle

Gesellschaft und Standort	Jahreskapazität am 1.1.1982 (t)

Spanien (Forts.)

Viniclor, SA
(zu 50 % im Besitz der Hispanic Industrial SA (zu 75 % im Besitz von Solvay & Cie SH und 25 % von Imperial Chemical Industries Limited), 45 % von Rio Rodano SA und 5 % von Solvay and Cie SA)
    Martorell, Barcelona   360 000

Schweden   280 000

Kema Nord, AB
(zu 100 % im Besitz von Kema Nobel AB)
    Stenungsund, Goteborg-Bohus   280 000

Vereinigtes Königreich (U.K.)   1 262 000

The Associated Octel Company, Limited
(zu 36,7 % im Besitz von The British Petroleum Company Limited, 36,7 % von Royal Dutch/Shell Group, 10,65 % von Chevron Oil Europe Inc., 10,65 % von Texaco Operations (Europe) Ltd. und 5,30 % von Mobil Holdings (U.K.) Limited Ltd.)
    Ellesmere Port, Cheshire, England   12 000

4. HERSTELLUNG, IMPORT, EXPORT

4.4 WESTEUROPA LIT.

Fortsetzung Tabelle 11

Gesellschaft und Standort	Jahreskapazität am 1.1.1982 (t)

Vereinigtes Königreich (U.K.) (Forts.)

BP Chemicals, Limited
(Einheit von BP International Limited)
    Port Talbot, W. Glamorgan, Wales   350 000

Imperial Chemical Industries, Limited, Mond Division
    Hillhouse, Lancashire, England   280 000
    Runcorn, Cheshire, England   370 000
    Wilton, Cleveland, England   250 000

4. HERSTELLUNG, IMPORT, EXPORT

4.5 USA   LIT.

Produktion[1]   11

Jahr	t
1955	231 000
1956	278 000
1957	363 000
1958	351 000
1959	517 000
1960	575 000
1961	621 000
1962	805 000
1963	839 000
1964	953 000
1965	1 293 000
1966	1 701 000
1967	1 814 000
1968	2 411 000
1969	3 156 000
1970	3 735 000
1971	3 691 000
1972	4 306 000
1973	4 547 000
1974	4 749 000
1975	3 668 000
1976	4 997 000
1977	5 154 000
1978	6 037 000
1979	6 727 000
1980	5 717 000

[1] Laut Lit. 11 waren die Produktionswerte für 1,1-Dichlorethylen, die von der U.S. International Trade Commission für 1963-1980 mitgeteilt wurden, folgende (s. nächste Seite):

4. HERSTELLUNG, IMPORT, EXPORT

4.5 USA

LIT. 11

Produktion

Jahr	t
1963	813 000
1964	997 000
1965	1 114 000
1966	1 614 000
1967	1 801 000
1968	2 177 000
1969	2 738 000
1970	3 384 000
1971	3 428 000
1972	3 542 000
1973	4 215 000
1974	4 157 000
1975	3 618 000
1976	3 648 000
1977	4 988 000
1978	4 990 000
1979	5 350 000
1980	5 038 000

4. HERSTELLUNG, IMPORT, EXPORT

4.7 JAPAN — LIT. 11

Hersteller und Kapazitäten

Gesellschaft und Standort	Jahreskapazität am 1.1.1981 (t)
Japan	3 277 000
Asahi-Penn Chemical Co., Ltd. (zu 50 % im Besitz von Asahi Glass Company, Ltd. und 50 % von PPG Industries, Inc.) Goi, Chiba Prefecture	138 000
Central Chemical Co., Ltd. (zu 33 % im Besitz von anderen Gesellschaften, 33 % by Toa Nenryo Kogyo K.K. und 33 % von Toagosei Chemical Industry Co., Ltd.) Kawasaki, Kanagawa Prefecture	220 000
Chisso Corporation Minamata, Kumamoto Prefecture	100 000
Kanegafuchi Chemical Industry Company Limited (zu 30,6 % im Besitz von Finanzierungsgesellschaften) Takasago, Hyogo Prefecture	367 000

4. HERSTELLUNG, IMPORT, EXPORT

4.6 NORDAMERIKA   LIT.

Hersteller und Kapazitäten   11

Gesellschaft und Standort	Jahreskapazität am 1.1.1982 (t)
Nordamerika (USA ausgeschlossen)	1 011 000

Kanada   854 000

Dow Chemical of Canada, Limited
(zu 100 % im Besitz von The Dow Chemical Company)
Fort Saskatchewan, Alberta   693 000

Ethyl Corporation of Canada, Limited
(zu 100 % im Besitz der Ethyl Corporation)
Sarnia, Ontario   11 000

Mexiko   157 000

Petroleos Mexicanos (PEMEX)
(im Besitz der Regierung)
Pajaritos, Veracruz   157 000

4. HERSTELLUNG, IMPORT, EXPORT

4.7   JAPAN   LIT.

Fortsetzung Tabelle   11

Gesellschaft und Standort	Jahreskapazität am 1.1.1981 (t)

Japan (Forts.)

Kanto Denka Kogyo Company, Limited

(zu 3,7 % im Besitz von Nippon Zeon Co., Ltd., 5,5 % von Asahi Electro-Chemical Co., Ltd. (Asahi Denka Kogyo K.K.) und 2,2 % von Denki Kagaku Kogyo Kabushiki Kaisha (DENKA))
  Mizushima, Okayama Prefecture   48 000

Kashima Vinyl Chloride Monomer Company, Limited

(zu 50 % im Besitz von Shin-Etsu Chemical Co., Ltd., 25 % von Mitsubishi Petrochemical Co., Ltd., 10 % von Asahi Glass Company Ltd., 10 % von Kanegafuchi Chemical Industry Company Limited und 5 % von Asahi Electro-Chemical Co., Ltd. (Asahi Denka Kogyo K.K.))
  Kashima, Ibaraki Prefecture   451 000

Mitsui Toatsu Chemicals, Incorporated

(zu 18,9 % im Besitz von Finanzierungsgesellschaften)
  Senboku, Osaka Prefecture   210 000

4. HERSTELLUNG, IMPORT, EXPORT

4.7 JAPAN | LIT.

Fortsetzung Tabelle | 11

Gesellschaft und Standort	Jahreskapazität am 1.1.1981 (t)
Japan (Forts.)	
Nihon Vinyl Chloride Company, Limited (zu 50 % im Besitz von Sumitomo Chemical Company, Ltd. und 50 % von DENKA) Anegasaki, Chiba Prefecture	80 000
Nissan Petrochemicals, Limited (Tochtergesellschaft von Nissan Chemical Industries, Ltd.) Goi, Chiba Prefecture	84 000
Ryo-Nichi Company, Limited (gemeinsames Unternehmen von Mitsubishi Chemical Industries Limited, Nippon Carbide Industries Co., Inc., Mitsubishi Monsanto Chemical Company und Mitsubishi Plastics Industries, Ltd.) Mizushima, Okayama Prefecture	367 000
Sanyo Monomer Company, Limited (zu 50 % im Besitz von Nippon Zeon Co., Ltd., 30 % von Asahi Chemical Industry Co., Ltd. (Asahi Kasei Kogyo Kabushiki Kaisha) und 20 % von Chisso Corporation) Mizushima, Okayama Prefecture	250 000

4. HERSTELLUNG, IMPORT, EXPORT

4.7 JAPAN | LIT.

Fortsetzung Tabelle | 11

Gesellschaft und Standort	Jahreskapazität am 1.1.1981 (t)
Japan (Forts.)	
Sumitomo Chemical Company, Limited	
Niihama, Ehime Prefecture	84 000
Sun Arrow Chemical Company, Limited	
(zu 60 % im Besitz von Tokuyama Soda Co., Ltd. und 40 % von Toyo Soda Manufacturing Co., Ltd.)	
Tokuyama, Yamaguchi Prefecture	92 000
Toagosei Chemical Industry Company, Limited	
(zu 33 % im Besitz von Mitsui & Co. und 16 % von Finanzierungsgesellschaften)	
Tokushima, Tokushima Prefecture	144 000
Tokuyama Soda Company, Limited	
(zu 23,7 % im Besitz von Finanzierungsgesellschaften)	
Tokuyama, Yamaguchi Prefecture	200 000
Toyo Soda Manufacturing Company, Limited	
(zu 17,7 % im Besitz von Finanzierungsgesellschaften und 2,5 % von Mitsui & Co.)	
Shin Nanyo, Yamaguchi Prefecture	288 000
Yokkaichi, Mie Prefecture	154 000

4. HERSTELLUNG, IMPORT, EXPORT

4.8 WELT   LIT.

Geschätzte Welt-Statistik für 1979 (t):   11

Produktion	Import	Export	Verbrauch
Nordamerika			
6 317 000	10 000	427 000	5 899 000
Kanada			
600 000	0	150 000	450 000
Mexico			
--	--	--	--
Vereinigte Staaten			
5 717 000	10 000	277 000	5 449 000
Westeuropa			
6 423 000	106 000	130 000	6 367 000
Japan			
2 934 000	202 000	0	2 732 000

5. TOXIKOLOGIE

5.1 MAXIMALE ARBEITSPLATZKONZENTRATIONEN

LIT.

Bundesrepublik Deutschland 1983

27

MAK	
ml/m^3 (ppm)	mg/m^3
10	40

Verweis auf Abschnitt III B "Stoffe mit begründetem Verdacht auf krebserzeugendes Potential".
DFG, 1983.

6. ÖKOTOXIKOLOGIE

6.1 AUSWIRKUNGEN AUF ORGANISMEN | LIT.

6.1.1 FISCHE

				LIT.
LC_{50} Fische[1]		400 - 500 mg/l		12
LC_{50}, 96 h	*Pimephales promelas[2]	169 000 µg/l $\hat{=}$ 169,0 mg/l		24
LC_{50}, 96 h	*Pimephales promelas[3]	108 000 µg/l $\hat{=}$ 108,0 mg/l		
LC_{50}, 13 Tage	*Pimephales promelas	29 000 µg/l $\hat{=}$ 29,0 mg/l		
LC_{50}, 96 h	*Lepomis macrochirus[2]	73 900 µg/l $\hat{=}$ 73,9 mg/l		24 25
LC_{50}, 96 h	*Cyprinodon variegatus[2]	249 000 µg/l $\hat{=}$ 249,0 mg/l		
LC_{50}, 96 h	Menidia beryllina[2]	250 000 µg/l $\hat{=}$ 250,0 mg/l		26

[1] "data achieved according to OECD test guideline"
[2] Methode: statisch
[3] Methode: Durchfluß

* In den OECD-Richtlinien angegebener Test-Organismus

6. ÖKOTOXIKOLOGIE

6.1.1 FISCHE | LIT.

LC_{50}, 24 h, *Cyprinodon variegatus   250 mg/l[1]   28
(200 - 340)

No effect, *Cyprinodon variegatus   80 mg/l

---

[1] Der gleiche Wert wird für 48, 72 und 96 Stunden angegeben.

* In den OECD-Richtlinien angegebener Test-Organismus

6. ÖKOTOXIKOLOGIE

6.1.2 DAPHNIEN

		LIT.
EC_{50} *Daphnia[1]	132 mg/l	12
EC_{50}, 48 h *Daphnia magna[2]	11 600 µg/l ≙ 11,6 mg/l	24
EC_{50}, 48 h *Daphnia magna[2]	79 000 µg/l ≙ 79,0 mg/l	24, 25
LC_{50}, 24 h *Daphnia magna	98 mg/l (71 - 130)	29
No effect	< 2,4	

[1] "acute immobilisation and 14-d reproduction test"
"data achieved according to OECD test guideline"

[2] Methode: statisch

* In den OECD-Richtlinien angegebener Test-Organismus

6. ÖKOTOXIKOLOGIE

6.1.3	ALGEN			LIT.
	EC_{50}, 96 h *Selenastrum capricornutum (chlorophyll a)	> 798 000 µg/l ≙ >798,0 mg/l		24 25
	EC_{50}, 96 h *Selenastrum capricornutum (cell-count)	>798 000 µg/l ≙ >798,0 mg/l		
	EC_{50}, 96 h Skeletonema costatum (chlorophyll a)	>712 000 µg/l ≙ >712,0 mg/l		
	EC_{50}, 96 h Skeletonema costatum (cell-count)	>712 000 µg/l ≙ >712,0 mg/l		

6.1.4   MIKROORGANISMEN

* In den OECD-Richtlinien angegebener Test-Organismus

6. ÖKOTOXIKOLOGIE

		LIT.
6.1.5	<u>WASSERPFLANZEN UND SONSTIGE ORGANISMEN</u>	
	LC_{50}, 96 h Mysidopsis bahia[1] 224 000 µg/l $\triangleq$ 224,0 mg/l	24 25

---

[1] Methode: statisch

7. ELIMINATION – ABBAU – PERSISTENZ

7.1 <u>ELIMINATION</u>

LIT.

7. ELIMINATION - ABBAU - PERSISTENZ

7.2 ABBAU - PERSISTENZ

7.2.1 BIOTISCHER ABBAU

7.2.2 ABIOTISCHER ABBAU

Halbwertszeit in der Troposphäre: 8 Wochen. [16]

Photoabbau: [12]
$^{1}k_{OH} = 4,0 \times 10^{-12} cm^3 s^{-1}$
$t_{1/2} = 4,0$ Tage ($[\cdot OH] = 5 \times 10^5 cm^{-3}$)

---

[1] "calc. Hendry"

7. ELIMINATION - ABBAU - PERSISTENZ

7.2.3   ABBAUPRODUKTE

8. AKKUMULATION

			LIT.
8.1	<u>BIOAKKUMULATION</u>		
	Biokonzentrationsfaktor[1]	4	12
	Dichlorethylen: Bioakkumulationsfaktor Fisch	6,9	30
8.2	<u>SONSTIGES VORKOMMEN</u>		

[1] "calc. from P_{ow}"

9. KONZENTRATION IM WASSER

9.1 OBERFLÄCHENWASSER

		LIT.
Rhein (1979)	0,3 - 80 µg/l	31

9.2 ABWASSER

9. KONZENTRATION IM WASSER

		LIT.
9.3	<u>REGENWASSER</u>	
9.4	<u>GRUNDWASSER</u>	

9. KONZENTRATION IM WASSER

		LIT.
9.5 **TRINKWASSER**		
USA	< 5 ppb ≙ < 5 µg/l	04 17
Miami, Florida, USA	0,1 µg/l	18
Philadelphia, USA (berichtet 1976)	0,1 µg/l	

10. ABFALL

11. LITERATUR

01. Datenbank für wassergefährdende Stoffe (DABAWAS). 1982.
    Institut für Wasserforschung, Dortmund.

02. Sorbe, G. 1983. Sicherheitstechnische Kenndaten chemischer
    Stoffe.
    Ecomed Verlagsgesellschaft mbH, Landsberg/Lech.

03. Weast, R.C. 1977-78. CRC Handbook of Chemistry and Physics.
    58th Edition. Chemical Rubber Company, Cleveland, Ohio.

04. Selenka, F. und U. Bauer. 1977. Erhebung von Grundlagen zur
    Bewertung von Organochlorverbindungen im Wasser.
    Abschlußbericht. Institut für Hygiene, Ruhr-Universität
    Bochum.

05. Informationssystem für Umweltchemikalien, Chemieanlagen und
    Störfälle (INFUCHS). 1982.
    Teilsystem Datenbank für wassergefährdende Stoffe (DABAWAS).
    Umweltbundesamt - UMPLIS.

06. Environmental Research Program of the Federal Minister of
    the Interior. September 1979. Research Plan No. 104 01 073.
    Expertise on the Environmental Compatibility Testing of
    Selected Products of the Chemical Industry.
    Volume 1-4, SRI. A Research Contract by Umweltbundesamt.

07. Tute, M.S. 1971. Principles and Practice of Hansch Analysis:
    A Guide to Structure-Activity Correlation for the Medicinal
    Chemist.
    Advances in Drug Research, 6: 1-77.

08. Goggin, W.C. and R.D. Lowry. 1942. Vinylidene Chloride Polymers.
    Industrial and Engineering Chemistry, 34, 3: 328.

11. LITERATUR

09. Wasserschadstoff-Katalog. 1979.
    Herausgegeben vom Institut für Wasserwirtschaft, Berlin,
    Zentrallaboratorium, DDR.

10. World Health Organization (WHO). 1976. Health Hazards from
    New Environmental Pollutants.
    Technical Report Series No. 586.

11. Anonym. May 1982. Chemical Economics Handbook (CEH).
    Chemical Information Services. Stanford Research Institute
    (SRI), Menlo Park, California.

12. Organisation for Economic Co-Operation and Development (OECD).
    June 1982. Collection of Minimum Pre-Marketing Sets of
    Data Including Environmental Residue Data on Existing
    Chemicals.
    OECD-Hazard Assessment Project. OECD-Working Group on
    Exposure Analysis. Expo 80.12b/D. Prepared by Umweltbundes-
    amt, Berlin.

13. Environmental Protection Agency 560/5-77-006. August 1977.
    A Study of Industrial Data on Candidate Chemicals for
    Testing.
    Final Report. U.S. Environmental Protection Agency. Office
    of Toxic Substances, Washington, D.C.

14. Weißberger, A. (Ed.). 1974. Techniques of Chemistry. Investi-
    gation of Elementary Reaction Steps in Solution and Very
    Fast Reactions.
    Wiley, New York, 6, 2.

15. Henschler, D. Gesundheitsschädliche Arbeitsstoffe. Toxikolo-
    gisch-arbeitsmedizinische Begründung von MAK-Werten.
    Verlag Chemie, Weinheim.

11. LITERATUR

16. Pearson, C.R. and G. McConnell. 1975. Chlorinated C_1 and C_2 Hydrocarbons in the Marine Environment.
Proc. R. Soc. Lond. B., 189: 305-332.

17. Environmental Protection Agency. June 1975. Preliminary Assessment of Suspected Carcinogens in Drinking Water (Appendices).
Interim Report to Congress. U.S. Environmental Protection Agency, Washington, D.C.

18. Coleman, W.E., R.D. Lingg, R.G. Melton, and F.C. Kopfler. 1976. The Occurrence of Volatile Organics in Five Drinking Water Supplies Using Gas Chromatography/Mass Spectrometry.
In: Identification and Analysis of Organic Pollutants in Water. L.H. Keith (Ed.). Ann Arbor Science Publishers, Inc., MI: 305-327.

19. Environmental Protection Agency 560/4-76-004. April 1976. Summary Characterizations of Selected Chemicals of Near-Term Interest.
U.S. Environmental Protection Agency, Washington, D.C.

20. Fishbein, L. 1976. Industrial Mutagens and Potential Mutagens. I. Halogenated Aliphatic Derivatives.
Mutation Research, 32: 267-308.

21. Verein Deutscher Ingenieure. August 1977. Auswurfbegrenzung. Organische Verbindungen - insbesondere Lösungsmittel.
VDI-Richtlinien 2280.

22. Technischer Überwachungs-Verein (TÜV). Studie über Umweltrelevanz von aliphatischen Halogen-Kohlenstoff- und Halogen-Kohlenwasserstoff-Verbindungen.
Technischer Überwachungs-Verein Rheinland e.V. Institut für Materialprüfung und Chemie. Bericht Nr. 936/976005.

11. LITERATUR

23. Oberbacher, B., H. Deibig und R. Eggersdorfer. März 1977.
    Darstellung der Emissionssituation der halogenierten
    Kohlenwasserstoffe aus dem Lösungsmittelsektor. 1. Stufe:
    Schätzung der Emissionsmenge an Hand des Verbrauchsstrukturbaums.
    Battelle-Institut e.V. Frankfurt. BF-R-63.198-1.

24. Environmental Protection Agency 440/5-80-041. October 1980.
    Ambient Water Quality Criteria for Dichloroethylenes.
    U.S. Environmental Protection Agency. Office of Water
    Regulations and Standards, Criteria and Standards Division,
    Washington, D.C.

25. Environmental Protection Agency. 1978. In-Depth Studies on
    Health and Environmental Impacts of Selected Water Pollutants.
    U.S. Environmental Protection Agency. Contract No.
    68-01-4646.

26. Dawson, G.W., A.L. Jennings, D. Drozdowski, and E. Rider.
    1977. The Acute Toxicity of 47 Industrial Chemicals to
    Fresh and Saltwater Fishes.
    Jour. Hazard. Mater., 1: 303.

27. Deutsche Forschungsgemeinschaft (DFG). 1983. Maximale Arbeitsplatzkonzentrationen und Biologische Arbeitsstofftoleranzwerte 1983.
    Mitteilung XIX der Senatskommission zur Prüfung gesundheitsschädlicher Arbeitsstoffe. Verlag Chemie, Weinheim.

28. Heitmuller, P.T., T.A. Hollister, and P.R. Parrish. 1981.
    Acute Toxicity of 54 Industrial Chemicals to Sheepshead
    Minnows (Cyprinodon variegatus). Bull. Environm. Toxicol.,
    27: 596-604.

11.   LITERATUR

29. LeBlanc, G.A. 1980. Acute Toxicity of Priority Pollutants to Water Flea (Daphnia magna). Bull. Environm. Contam. Toxicol., 24: 684-691.

30. Sittig, M. (Ed.). 1980. Priority Toxic Pollutants. Health Impacts and Allowable Limits. Noyes Data Corporation, Park Ridge, New Jersey, USA.

31. Wegman, R.C.C., C.A. Bank, and P.A. Greve. 1981. Environmental Pollution by a Chemical Waste Dump.
In: Quality of Groundwater, Proceedings of an International Symposium, Noordwijkerhout, The Netherlands, 23-27 March 1981. Van Duijvenbooden, W., P. Glasbergen, and H. van Lelyveld (Eds.). Studies in Environmental Science, 17: 349-357.

1,2-Dichlorethylen

CAS-NUMMER   cis-1,2-Dichlorethylen   156-59-2
                      trans-1,2-Dichlorethylen   156-60-5

STRUKTUR- UND SUMMENFORMEL

$C_2H_2Cl_2$

cis-1,2-Dichlorethylen   trans-1,2-Dichlorethylen

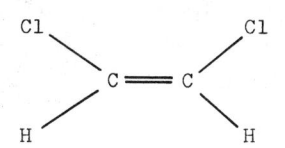

$$\begin{array}{c}Cl\\ \end{array}\!\!\diagdown\!\!\begin{array}{c}\\C\end{array}\!\!=\!\!\begin{array}{c}\\C\end{array}\!\!\diagup\!\!\begin{array}{c}Cl\\ \end{array} \qquad \begin{array}{c}Cl\\ \end{array}\!\!\diagdown\!\!\begin{array}{c}\\C\end{array}\!\!=\!\!\begin{array}{c}\\C\end{array}\!\!\diagup\!\!\begin{array}{c}H\\ \end{array}$$

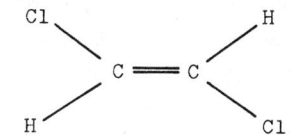

MOLEKULARGEWICHT   96,94 g/mol

1. BEZEICHNUNGEN, HANDELSTRIVIALBEZEICHNUNGEN[1]

Die Bezeichnungen für cis- und trans-1,2-Dichlorethylen wurden getrennt in der Datenliste zusammengestellt.

---

[1] Datenliste Seite 379-380

Einige Bezeichnungen werden jedoch sowohl für cis- als auch für trans-1,2-Dichlorethylen verwendet. In älteren Literaturen ist meist nur von 1,2-Dichlorethylen die Rede, wodurch ein Teil der Ergebnisse also nicht vergleichbar ist.

Einige häufig in der Literatur erwähnte Bezeichnungen sind:

cis-1,2-Dichlorethylen oder cis-1,2-Dichloroethene

trans-1,2-Dichlorethylen oder trans-1,2-Dichloroethene

Dioform

2. PHYSIKALISCH-CHEMISCHE EIGENSCHAFTEN[1]

Die für cis- und trans-1,2-Dichlorethylen beschaffbaren Angaben zu den physikalisch-chemischen Eigenschaften sind in der Datenliste zusammengestellt. Im folgenden werden einige der häufig genannten Eigenschaften und Daten wiedergegeben.

DICHTE
    cis-1,2-Dichlorethylen   1,28 g/cm^3 bei 20 °C
    trans-1,2-Dichlorethylen   1,26 g/cm^3 bei 20 °C

DAMPFDRUCK
    cis-1,2-Dichlorethylen   23 400 Pa bei 20 °C
    trans-1,2-Dichlorethylen   34 800 Pa bei 20 °C

WASSERLÖSLICHKEIT
    cis-1,2-Dichlorethylen   800 mg/l bei 20 °C
    trans-1,2-Dichlorethylen   600 mg/l bei 20 °C

---

[1] Datenliste Seite 382-391

OKTANOL/WASSER-VERTEILUNGSKOEFFIZIENT (P)
 cis-1,2-Dichlorethylen   -
 trans-1,2-Dichlorethylen   log P   1,48

Schmelzpunkt
 cis-1,2-Dichlorethylen $-80,5\ °C$
 trans-1,2-Dichlorethylen $-50\ °C$

Siedepunkt
 cis-1,2-Dichlorethylen $60\ °C$
 trans-1,2-Dichlorethylen $48\ °C$

3. ANWENDUNGSBEREICHE UND VERBRAUCHSSPEKTREN[1]

1,2-Dichlorethylen wird als Lösemittel für Wachse, Harze und Acetylcellulose verwendet. Außerdem wird von Anwendungen in der pharmazeutischen Industrie, als Kühlmittel und bei der Extraktion von Ölen und Fetten aus Fisch und Fleisch berichtet.

Über den prozentualen Verbrauch in verschiedenen Anwendungsbereichen liegen keine Informationen vor.

4. HERSTELLUNG[2]

Produktion, Import, Export, Verbrauch

4.1 Bundesrepublik Deutschland

Weder von der Industrie noch aus Berichten konnten Informationen beschafft werden.

---

[2] Datenliste Seite 392-393
[1] Datenliste Seite 394-395

4.2 Europäische Gemeinschaft (EG)

Mengenangaben liegen nicht vor.

4.3 Andere Länder

Auch hier konnten keine Mengenangaben beschafft werden.

Als Herstellungsländer von 1,2-Dichlorethylen werden genannt:

Bundesrepublik Deutschland
Großbritannien
Belgien
USA

5. TOXIKOLOGIE

Maximale Arbeitsplatzkonzentrationen

1,2-Dichlorethylen:
Bundesrepublik Deutschland 1983

MAK	
ml/m^3 (ppm)	mg/m^3
200	790

6. ÖKOTOXIKOLOGIE[1]

Hydrosphäre

6.1 Fisch-Toxizität

Folgende LC-Werte werden angegeben:

1,2-Dichlorethylen:

LC_{50} , 24 h, *Lepomis macrochirus   165 mg/l

LC_{50} , 96 h, *Lepomis macrochirus   140 mg/l
                                               (120 - 160 mg/l)

6.2 Daphnien-Toxizität

Folgende Werte werden für *Daphnia magna mitgeteilt:

trans-Dichlorethylen:

LC_{50} , 24 h, *Daphnia magna   230 mg/l
                                       (200 - 280 mg/l)

LC_{50} , 48 h, *Daphnia magna   220 mg/l
                                       (170 - 290 mg/l)

6.3 Algen-Toxizität

Es liegen keine Informationen vor.

7. ELIMINATION - ABBAU - PERSISTENZ[2]

7.1 Elimination

Angaben über eine Elimination liegen nicht vor.

---

[1] Datenliste Seite 397-399
[2] Datenliste Seite 400-403
* In den OECD-Richtlinien angegebener Test-Organismus

7.2 Biotischer Abbau

Über den biotischen Abbau von 1,2-Dichlorethylen in natürlichen Gewässern liegen keine Informationen vor.

7.3 Abiotischer Abbau

Photolyse

Informationen über die Photolyse dieser Verbindung im Wasser liegen nicht vor.

Oxidation

Es liegen keine Hinweise speziell zur Oxidation von trans-1,2-Dichlorethylen im aquatischen Lebensraum vor. Analogien zu Ergebnissen strukturverwandter Stoffe werden hier nicht berücksichtigt.

Hydrolyse

Direkte Angaben zur Hydrolyse liegen nicht vor. Allerdings werden teilweise Ergebnisse von Stoffen mit ähnlicher Strukturformel wie trans-1,2-Dichlorethylen wiedergegeben.

Verflüchtigung

Durch Laborexperimente wurde (mit mittlerer Zuverlässigkeit) eine Halbwertszeit von etwa 24 Minuten für trans-1,2-Dichlorethylen ermittelt.

8. AKKUMULATION[1]

8.1 Bioakkumulation

Es wird ein Bioakkumulationsfaktor von 6,9 für Fische angegeben (Angabe für Dichlorethylen).

8.2 Sonstiges Vorkommen

Es liegen keine Informationen vor.

9. KONZENTRATION IM WASSER[2]

9.1 Oberflächenwasser - Bundesrepublik Deutschland

Es liegen keine Informationen vor.

9.2 Sonstige Wässer

Abwasser, Regenwasser

Es liegen keine Angaben vor.

Grundwasser

Berichtet wird über cis-1,2-Dichlorethylen-Konzentrationen im Grundwasser verschiedener Züricher Industrieviertel (1977). Die Werte liegen zwischen 0,04 und 1,10 µg/l.

---

[1] Datenliste Seite 404
[2] Datenliste Seite 405-407

Trinkwasser

Für die Bundesrepublik Deutschland liegen keine Angaben vor. Für die USA sind einige Werte in der Datenliste wiedergegeben.

10. ABFALL

Informationen oder Daten über Abfallmengen und -beseitigung von 1,2-Dichlorethylen konnten nicht beschafft werden.

1. IDENTIFIZIERUNG

		LIT.
1.1	CHEMISCHE BEZEICHNUNG	
	1,2 - D I C H L O R E T H Y L E N	
1.1.1	WEITERE BEZEICHNUNGEN, EINSCHL. HANDELSTRIVIAL-BEZEICHNUNGEN	
	1,2-Dichlorethylen (1,2-DCE) Acetylendichlorid Acetylene Dichloride α-,β-Dichloräthylen 1,2-Dichloroethylene Dioform Sym-Dichloroethylene symmetrisches Dichloräthylen	01
	cis-1,2-Dichlorethylen (cis-DCE) Acetylendichlorid-1,2(cis) Bichlorure D+Acetylene (cis, sym) cis-1,2-Dichlorethen cis-1,2-Dichlorethene cis-1,2-Dichlorethylen cis-1,2-Dichloroethylene cis-sym-Dichlorethylen cis-sym-Dichlorethene cis-sym-Dichlorethylene cis-sym-Dichloroethylene Di-60 Dioform (cis-1,2-Dichlorethen)	01 und 05

1. IDENTIFIZIERUNG

		LIT.
1.1.1	WEITERE BEZEICHNUNGEN, EINSCHL. HANDELSTRIVIAL-BEZEICHNUNGEN	
	trans-1,2-Dichlorethylen (trans-DCE) Di-48 trans-1,2-Dichloroethylene trans-sym-Dichlorethylen trans-sym-Dichloroethylene trans-Acetylene Dichloride Dioform	01 und 05
1.1.2	CAS-NUMMER	
	cis-DCE 156-59-2 trans-DCE 156-60-5	

1.2 STRUKTUR

1.2.1 STRUKTURFORMEL UND SUMMENFORMEL

$C_2H_2Cl_2$

cis-DCE

$$\begin{array}{c}ClCl\\ \diagdown\diagup\\ C=C\\ \diagup\diagdown\\ HH\end{array}$$

trans-DCE

$$\begin{array}{c}ClH\\ \diagdown\diagup\\ C=C\\ \diagup\diagdown\\ HCl\end{array}$$

1. IDENTIFIZIERUNG

1.2.2 MOLEKULARGEWICHT — LIT.

Relative Molmasse, 96,94 g/mol
1,2-Dichlorethylen

1.2.3 ABSORPTIONSSPEKTRA (UV, IR, etc.)

2. PHYS.- CHEM. EIGENSCHAFTEN

2.1 SCHMELZPUNKT

		LIT.
cis-DCE	−80,5 °C	03
	−80 °C	15
trans-DCE	−50 °C	03

2.2 SIEDEPUNKT

cis-DCE	60 °C	06
	60,25 °C	03
trans-DCE	47,5 °C	12
	48 °C	06
	48,35 °C	03

2.3 DICHTE

cis-DCE	1,28 g/cm^3 bei 20 °C	06
trans-DCE	1,26 g/cm^3 bei 20 °C	06

2. PHYS.- CHEM. EIGENSCHAFTEN

2.4	DAMPFDRUCK			LIT.
	cis-DCE:	208 Torr ≙ 27 730,98 Pa	bei 25 °C bei 25 °C	03
		234 mbar ≙ 23 400 Pa	bei 20 °C bei 20 °C	06
	trans-DCE:	324 Torr ≙ 43 196,33 Pa	bei 25 °C bei 25 °C	03
		348 mbar ≙ 34 800 Pa	bei 20 °C bei 20 °C	06
		200 mm Hg ≙ 26 664,40 Pa	bei 14 °C bei 14 °C	13

2. PHYS.- CHEM. EIGENSCHAFTEN

2.4 <u>DAMPFDRUCK</u>

LIT.

mm Hg ≙ Pa	Temperatur (^{o}C)	
	<u>cis-DCE</u>	<u>trans-DCE</u>
1 ≙ 133,322	-58,4	-
10 ≙ 1 333,22	-29,9	-38,0
40 ≙ 5 332,88	- 7,9	-17
100 ≙ 13 332,2	9,5	- 0,2
400 ≙ 53 328,8	41,0	30,8
760 ≙ 101 324,72	59,0	47,8

12

2. PHYS.- CHEM. EIGENSCHAFTEN

| 2.5 | OBERFLÄCHENSPANNUNG EINER WÄSSERIGEN LÖSUNG | LIT. |

2.6 WASSERLÖSLICHKEIT

cis-DCE: 0,04 % w/w Lösem. in Wasser (10 °C)   05
          0,77 % w/w Wasser in Lösem. (25 °C)

          800 mg/l bei 20 °C   13

trans-DCE: 0,03 % w/w Lösem. in Wasser (10 °C) 05
           0,63 % w/w Wasser in Lösem. (25 °C)

           600 mg/l bei 20 °C   13

2.7 FETTLÖSLICHKEIT

2. PHYS.- CHEM. EIGENSCHAFTEN

		LIT.
2.8	VERTEILUNGSKOEFFIZIENT	
	trans-DCE:	
	$\log P_{ow} = 1,48^1$ (n-Oktanol/Wasser)	11
2.9	ZUSÄTZLICHE ANGABEN	
2.9.1	FLAMMPUNKT	
	cis-DCE: 6 °C (offener Tiegel)	05
	trans-DCE: 4 °C (offener Tiegel)	05
	cis- und trans-DCE: 6 °C	15
2.9.2	EXPLOSIONSGRENZEN IN LUFT	
	cis-DCE:	
	6,2 Vol.-% untere Explosionsgrenze	15
	9,7 Vol.-% untere Explosionsgrenze	
	13 Vol.-% obere Explosionsgrenze	
	16 Vol.-% obere Explosionsgrenze	

^{1} berechnet nach Tute 1971 (Lit. 17)

2. PHYS.- CHEM. EIGENSCHAFTEN

			LIT.
2.9.2	EXPLOSIONSGRENZEN IN LUFT		
	bezogen auf 20 °C, 760 Torr:		15
	250 g/m³	untere Explosionsgrenze	
	390 g/m³	untere Explosionsgrenze	
	530 g/m³	obere Explosionsgrenze	
	650 g/m³	obere Explosionsgrenze	
	trans-DCE:		
	9,7 Vol.-%	untere Explosionsgrenze	15
	12,8 Vol.-%	obere Explosionsgrenze	
	bezogen auf 20 °C, 760 Torr:		
	390 g/m³	untere Explosionsgrenze	
	520 g/m³	obere Explosionsgrenze	
2.9.3	ZÜNDTEMPERATUR		
	cis- und trans-DCE: (460 °C)		15

2. PHYS.- CHEM. EIGENSCHAFTEN

		LIT.
2.9.4	ZÜNDGRUPPE (VDE)	
2.9.5	KOMPLEXBILDUNGSFÄHIGKEIT	
2.9.6	DISSOZIATIONSKONSTANTE (pKa-Wert)	
2.9.7	STABILITÄT	
	1,2-DCE: Unter Ausschluß von Licht und Feuchtigkeit weitgehend stabil.	07

2. PHYS.- CHEM. EIGENSCHAFTEN

| 2.9.8 | HYDROLYSE | LIT. |

2.9.9   KORROSIVITÄT (Redox-Potential)

2.9.10   ADSORPTION/DESORPTION

2.9.11   TEILCHENGRÖSSE UND -FORM

2. PHYS.- CHEM. EIGENSCHAFTEN

| | | LIT. |

2.9.12 VOLATILITÄT

2.9.13 VISKOSITÄT

      cis-DCE: 0,48 cp   bei 20 °C   05
                $\hat{=}$ $0,48 \times 10^{-3}$ Pa s bei 20 °C

      trans-DCE: 0,41 cp   bei 20 °C   05
                $\hat{=}$ $0,41 \times 10^{-3}$ Pa s bei 20 °C

2.9.14 SÄTTIGUNGSKONZENTRATION

      cis-DCE: 1 383 g/m^3 bei 20 °C   06

      trans-DCE: 877 g/m^3 bei 20 °C

2.9.15 AGGREGATZUSTAND

      flüssig   07

2. PHYS.- CHEM. EIGENSCHAFTEN

2.9.16 SONSTIGE ANGABEN   LIT.

Weitere Eigenschaften: 07

Das trans-Isomere ist chemisch reaktiver als das cis-Isomere. In Gegenwart von Aluminiumoxid können beide Formen bei hohen Temperaturen ineinander übergeführt werden. Unter Ausschluß von Licht und Feuchtigkeit ist Dichlorethylen weitgehend stabil. Durch Zusatz von für Chlorkohlenwasserstoff gebräuchlichen Stabilisatoren wird die Korrosion von Metallen insbesondere von Eisen und Aluminium auch bei feuchtem Dichlorethylen verhindert.

1,2-DCE ist eine farblose, leicht bewegliche Flüssigkeit von süßem Geruch.

Verflüchtigung: 11

trans-DCE: $t_{1/2}$ 24 Minuten

3. ANGABEN ZUR VERWENDUNG

3.1 BESTIMMUNGSGEMÄSSE VERWENDUNGSZWECKE LIT.

3.1.1 VERWENDUNGSARTEN

1,2-DCE wird verwendet als Lösemittel für Wachse, Harze und Acetylcellulose. Verwendung bei der Extraktion von Gummi, als Kühlmittel, bei der Herstellung von Pharmazeutika (und künstlichen Perlen)[1] sowie bei der Extraktion von Ölen und Fetten aus Fisch und Fleisch.

04

---

[1] artificial pearls

3. ANGABEN ZUR VERWENDUNG

3.1.2   ANWENDUNGSBEREICH MIT UNGEFÄHRER AUFGLIEDERUNG   **LIT.**

3.1.2.1   In geschlossenem System

......

3.1.2.2   Produzierendes Gewerbe

......

3.1.2.2.1 Industrie

......

3.1.2.2.2 Handwerk

......

3.1.2.3   Landwirtschaft, Forsten, Fischerei

......

3.1.2.4   Baugewerbe (ohne Handwerk)

......

3.1.2.5   Dienstleistungsgewerbe

......

3.1.2.6   Privater und öffentlicher Verbrauch

......

4. HERSTELLUNG, IMPORT, EXPORT

4.1 GESAMTHERSTELLUNG UND/ODER EINFUHR

LIT.

4.2 HERGESTELLTE MENGE IN DER EG (Gesamt)

4. HERSTELLUNG, IMPORT, EXPORT

		LIT.
4.3	<u>HERGESTELLTE MENGE IN DEN EINZELNEN EG-LÄNDERN</u>	
	(oder: Länder, die den Stoff herstellen)	
	<u>Hersteller:</u>	
	Belgien: Solvay et Cie, SCS	05
	Bundesrepublik Deutschland: Dynamit-Aktiengesellschaft (vormals: Alfred Nobel & Co)	
	Großbritannien: Imperial Chemical Industries Ltd.	
4.4	<u>USA</u>	
	<u>Hersteller:</u>	
	Eastman Chemical Products Inc. Matheson Coleman & Bell Division, Matheson Co, Inc.	05

5. TOXIKOLOGIE

5.1 MAXIMALE ARBEITSPLATZKONZENTRATIONEN

1,2-DCE:

Bundesrepublik Deutschland 1983

MAK	
ml/m^3 (ppm)	mg/m^3
200	790

LIT.

14

6. ÖKOTOXIKOLOGIE

6.1 AUSWIRKUNGEN AUF ORGANISMEN

LIT.

6.1.1 FISCHE

1,2-DCE:

LC_{50}, 24 h,* Lepomis macrochirus   165 mg/l

LC_{50}, 96 h,* Lepomis macrochirus   140 mg/l (120 - 160)

18

6.1.2 DAPHNIEN

trans-DCE:

LC_{50}, 24 h,* Daphnia magna   230 mg/l (200 - 280)

LC_{50}, 48 h,* Daphnia magna   220 mg/l (170 - 290)

No effect, *Daphnia magna   < 110 mg/l

19

---

* In den OECD-Richtlinien angegebener Test-Organismus

6. ÖKOTOXIKOLOGIE

6.1.3 ALGEN | LIT.

6.1.4 MIKROORGANISMEN

6. ÖKOTOXIKOLOGIE

6.1.5   WASSERPFLANZEN UND SONSTIGE ORGANISMEN   LIT.

7. ELIMINATION – ABBAU – PERSISTENZ

7.1 <u>ELIMINATION</u> LIT.

7. ELIMINATION - ABBAU - PERSISTENZ

7.2   ABBAU - PERSISTENZ

7.2.1   BIOTISCHER ABBAU

7. ELIMINATION - ABBAU - PERSISTENZ

7.2.2   ABIOTISCHER ABBAU   LIT.

7. ELIMINATION - ABBAU - PERSISTENZ

7.2.3   ABBAUPRODUKTE   LIT.

8. AKKUMULATION

8.1 BIOAKKUMULATION

	LIT.
Dichlorethylen: Bioakkumulationsfaktor 6,9 Fisch	20

8.2 SONSTIGES VORKOMMEN

9. KONZENTRATION IM WASSER

9.1 OBERFLÄCHENWASSER LIT.

9.2 ABWASSER

9. KONZENTRATION IM WASSER

9.3 REGENWASSER

9.4 GRUNDWASSER

cis-DCE:

Konzentrationen im Grundwasser von Züricher Industrievierteln:[1]

Name	Typ	Konzentration (μg/l)
Schütze	S	0,04
Garage	S	0,59
Forschung	S	1,10
MVA	S	0,47

S = Water Supply Well (Wasserversorgungs-Brunnen)

[1] Probensammlung am 15.2.1977. Best.-Grenze: 0,02 μg/l.

LIT.

09

9. KONZENTRATION IM WASSER

9.5 **TRINKWASSER** | **LIT.**

trans-DCE:	USA, Miami[1]	1 µg/l	08
1,2-DCE:	USA, Jefferson-Parish-Wasserwerk (hoher Wert)	0,1 µg/l	10 16
cis-DCE:	USA, Cincinnati[1]	< 0,1 µg/l	08
	USA, Miami[1]	14 µg/l	
	USA, Philadelphia[1]	0,1 µg/l	

[1] Analytik: GC/MS

10. ABFALL

LIT.

11. LITERATUR

01. Datenbank für wassergefährdende Stoffe (DABAWAS). 1982.
    Institut für Wasserforschung, Dortmund.

02. Gäb, F. und H. Parlar. März 1979. Umwandlung von Organohalogenverbindungen unter abiotischen Bedingungen.
    In: Organohalogenverbindungen in der Umwelt. Führ, F. und B. Scheele. Spezielle Berichte der Kernforschungsanlage Jülich, Nr. 45. Bundesminister für Forschung und Technologie., Forschungsbericht (03 7114): 180-197.

03. Henschler, D. (Hrsg.). 1974. 1,2-Dichloräthylene.
    Sonderdruck aus: Gesundheitliche Arbeitsstoffe. Toxikologisch-arbeitsmedizinische Begründung von MAK-Werten. Verlag Chemie GmbH, Weinheim.

04. Sittig, M. 1979. Hazardous Effects of Industrial Chemicals.
    Noyes Data Corporation, Park Ridge, New Jersey, USA.

05. Marsden, C. and S. Mann. 1963. Solvents Guide.
    Cleaver-Hume Press Ltd., London.

06. Verein Deutscher Ingenieure. August 1977. Auswurfbegrenzung.
    Organische Verbindungen - insbesondere Lösemittel.
    VDI-Richtlinien 2280.

07. Technischer Überwachungs-Verein (TÜV). Studie über Umweltrelevanz von aliphatischen Halogen-Kohlenstoff- und Halogen-Kohlenwasserstoff-Verbindungen.
    Technischer Überwachungs-Verein Rheinland e.V. Institut für Materialprüfung und Chemie. Bericht Nr. 936/976005.

11. LITERATUR

08. Coleman, W.E., R.D. Lingg, R.G. Melton, and F.C. Kopfler. 1976. The Occurrence of Volatile Organics in Five Drinking Water Supplies Using Gas Chromatography/Mass Spectrometry. In: Identification and Analysis of Organic Pollutants in Water. Keith, L.H. (Ed.) Ann Arbor Science Publishers, Inc., Michigan, 21: 305-327.

09. Giger, W., E. Molnar-Kubica, and S. Wakeham. 1978. Volatile Chlorinated Hydrocarbons in Ground and Lake Waters. In: Aquatic Pollutants, Transformation and Biological Effects. Hutzinger, O., I.H. van Lelyveld, and B.C.J. Zoeteman (Eds.): 101-123.

10. Environmental Protection Agency 560/13-79-006. July 1979. Formulation of a Preliminary Assessment of Halogenated Organic Compounds in Man and Environmental Media. Pellizzari, E.D., M.D. Erickson, and R.A. Zweidinger (Authors). U.S. Environmental Protection Agency. Office of Toxic Substances, Washington, D.C.

11. Environmental Protection Agency 440/4-79-029. December 1979. Water-Related Environmental Fate of 129 Priority Pollutants. Volume I: Introduction and Technical Background, Metals and Inorganics, Pesticides and PCBs. Callaha, M.A., M.W. Slimak, N.W. Gabl, J.P. May, C.F. Fowler, J.R. Freed, P. Jennings, R.L. Durfee, F.C. Whitmore, B. Maestri, W.R. Mabey, B.R. Holt, and C. Gould (Authors).

12. Weast, R.C. 1977-1978. CRC Handbook of Chemistry and Physics. 58th Edition. Chemical Rubber Company, Cleveland, Ohio.

13. Verschueren, K. 1977. Handbook of Environmental Data on Organic Chemicals. Van Nostrand Reinhold, New York.

11. LITERATUR

14. Deutsche Forschungsgemeinschaft (DFG). 1983. Maximale Arbeitsplatzkonzentrationen und Biologische Arbeitsstofftoleranzwerte 1983.
    Mitteilung XIX der Senatskommission zur Prüfung gesundheitsschädlicher Arbeitsstoffe. Verlag Chemie, Weinheim.

15. Nabert, K. und G. Schön. 1963. Sicherheitstechnische Kennzahlen brennbarer Gase und Dämpfe.
    2. erw. Auflage. Deutscher Eichverlag GmbH, Braunschweig. Nachdruck 1978.

16. Brodtmann, N.V., Jr. May 1978. Private Communication.
    Jefferson Parish Department of Water, Jefferson, LA.

17. Tute, M.S. 1971. Principles and Practice of Hansch Analysis. A Guide to Structure-Activity Correlation for the Medicinal Chemist.
    Adv. Drug Res., 6: 10-77.

18. Buccafusco, R.J., S.J. Eils, and G.A. LeBlanc. 1981. Acute Toxicity of Priority Pollutants to Bluegill (Lepomis macrochirus).
    Bull. Environm. Contam. Toxicol., 26: 446-452.

19. LeBlanc, G.A. 1980. Acute Toxicity of Priority Pollutants to Water Flea (Daphnia magna).
    Bull. Environm. Contam. Toxicol., 24: 684-691.

20. Sittig, M. (Ed.). 1980. Priority Toxic Pollutants. Health Impacts and Allowable Limits.
    Noyes Data Corporation, Park Ridge, New Jersey, USA.

Berichte aus dem
Institut für Wasser-, Boden- und Lufthygiene
des Bundesgesundheitsamtes

WaBoLu-Hefte 1/1984	Lahmann, E., Steinbach, J., Zhao, B. unter Mitarbeit von Bake, D., Drews, M., Ebert, G., Kura, J., Laskus, L., Menke, G., Möller, M., Palm, H. u. Schöndube, M. Polycyclische aromatische Kohlenwasserstoffe in der Stadtluft von Berlin (West). 87 S.
WaBoLu-Hefte 2/1984	Seifert, B., Prescher, K.-E. u. Ullrich, D. **Auftreten** anorganischer und organischer Substanzen in der Luft von Küchen und anderen Wohnräumen. 122 S.
WaBoLu-Hefte 3/1984	Lahmann, E. u. Prescher, K.-E. Stickstoffoxide in atmosphärischer Luft und im Regenwasser in Berlin (West). Untersuchungen und Auswertungen von 1983. 32 S., 51 Anl.
WaBoLu-Hefte 4/1984	Lahmann, E. Informationsquellen auf dem Fachgebiet Reinhaltung der Luft. 51 S.
WaBoLu-Hefte 5/1984	Englert, N. Messungen der peripheren motorischen Nervenleitgeschwindigkeit bei Feldversuchen. 117 S.

Eigenverlag, Berlin

Buchveröffentlichungen aus dem
Institut für Wasser-, Boden- und Lufthygiene
des Bundesgesundheitsamtes

Aurand, K. (Hrsg.)
Kernenergie und Umwelt, 1976 38,-- DM

Aurand, K., Hässelbarth, U., Müller, Gertrud,
Schumacher, W., Steuer, W. (Hrsg.)
Die Trinkwasserverordnung
Einführung und Erläuterungen für Wasserversorgungs-
unternehmen und Überwachungsbehörden, 1976 38,-- DM

Döhring, Edith und Iglisch, I. (Hrsg.)
Probleme der Insekten- und Zeckenbekämpfung
ökologische, medizinische und rechtliche Aspekte, 1978 38,-- DM

Ising, H. (Hrsg.)
Lärm — Wirkung und Bekämpfung, 1978 28,-- DM

Aurand, K., Hässelbarth, U., Lahmann, E.,
Müller, Gertrud, Niemitz, W. (Hrsg.)
Organische Verunreinigungen in der Umwelt —
Erkennen, Bewerten, Vermindern , 1978 86,-- DM

Aurand, K. und Spaander, J. (Hrsg.)
**Reinhaltung des Wassers: 10 Jahre deutsch-
niederländische Zusammenarbeit, 1979** 34,- DM

Aurand, K., Hässelbarth, U. und Müller, Gertrud (Hrsg.)
Wolter, R. und Biermann, H. (Bearbeiter)
Atlas zur Trinkwasserqualität der Bundesrepublik
Deutschland (BIBIDAT), 1980   98,-- DM

Aurand, K. (Hrsg.)
Bewertung chemischer Stoffe im Wasserkreislauf, 1981   76,- DM

Aurand, K., Gans, I. und Rühle, H. (Hrsg.)
Radioökologie und Strahlenschutz, 1982   96,-- DM

Erich Schmidt Verlag, Berlin

Iglisch, I. (Hrsg.)
Aktuelle Probleme der Bekämpfung und Abwehr
von Ratten und Hausmäusen, 1981   48,-- DM
Pentagon Publishing GmbH, Frankfurt am Main

Schriftenreihe des Vereins für Wasser-, Boden- und Lufthygiene E.V.

Nr. 1*:	Stooff: Chemische und physikalisch-chemische Fragen der Wasserversorgung	
Nr. 2:	Meinck: Englisch-deutsche und deutsch-englische Fachausdrücke aus dem Gebiete der Wasserversorgung und Abwasserbeseitigung	7,00 DM
Nr. 3:	Kisker: Die Überwachung der Grundstückskläranlagen	0,50 DM
Nr. 4:	Kolkwitz: Ökologie der Saprobien	5,00 DM
Nr. 5*:	Beger: Leitfaden der Trink- und Brauchwasserbiologie	
Nr. 6*:	Meinck/Stooff/Weldert/Kohlschütter: Industrie-Abwässer	
Nr. 7*:	Lüdemann: Die Giftwirkung des Mangans auf Fische, Krebse und Fischnährtiere	
Nr. 8:	Büsscher: Untersuchungen über den Aufwuchs in Wasserbecken und seine Bekämpfung mit Kupfersulfat	2,60 DM
Nr. 9:	Meinck/Thomaschk: Untersuchungen über den anaeroben Abbau von Viskoseschlamm	4,40 DM
Nr. 10:	Beyreis/Heller/Bursche: Beiträge zur Außenlufthygiene	9,60 DM
Nr. 11:	Steinkohlenflugasche	15,00 DM
Nr. 12*:	Bethge/Löbner/Nehls/Kettner/Lahmann: Außenlufthygiene. 1. Folge	
Nr. 13*:	Bethge/Büsscher/Zinkernagel/Löbner: Außenlufthygiene. 2. Folge	
Nr. 14a*:	Kruse: Einheitliche Anforderungen an die Trinkwasserbeschaffenheit und Untersuchungsverfahren in Europa	

Nr. 14b:	Einheitliche Anforderungen an die Beschaffenheit, Untersuchung und Beurteilung von Trinkwasser in Europa	8,60 DM
Nr. 15:	Löbner: Ergebnisse von Staubniederschlagsmessungen an verschiedenen Orten Deutschlands ..	2,00 DM
Nr. 16:	Naumann/Heller: Probleme der Verunreinigung von Grund- und Oberflächenwasser durch Mineralöle und Detergentien. Luftverunreinigung und Abhilfemaßnahmen	2,50 DM
Nr. 17:	Aurand/Delius/Schmier: Bestimmung der mit Niederschlag und Staub dem Boden zugeführten Radioaktivität (Topfsammelverfahren)	4,00 DM
Nr. 18*:	Naumann: 60 Jahre Institut für Wasser-, Boden- und Lufthygiene	
Nr. 19:	Abhandlungen aus dem Arbeitsgebiet des Instituts für Wasser-, Boden- und Lufthygiene	17,60 DM
Nr. 20:	Sattelmacher: Methämoglobinämie durch Nitrate im Trinkwasser	4,80 DM
Nr. 21:	Vorträge auf der Jahrestagung des Vereins für Wasser-, Boden- und Lufthygiene 1963 in Berlin	4,80 DM
Nr. 22:	Langer/Kettner: Vorträge auf der Jahrestagung des Vereins für Wasser-, Boden- und Lufthygiene 1964 in Köln	5,10 DM
Nr. 23:	Lahmann: Luftverunreinigung in den Vereinigten Staaten von Amerika	5,60 DM
Nr. 24*:	Mauch: Bestimmungsliteratur für Wasserorganismen in mitteleuropäischen Gebieten	
Nr. 25:	Lahmann / Morgenstern / Grupinski: Schwefeldioxid-Immissionen im Raum Mannheim/Ludwigshafen	6,80 DM
Nr. 26:	Kempf/Lüdemann/Pflaum: Verschmutzung der Gewässer durch motorischen Betrieb, insbesondere durch Außenbordmotoren	8,50 DM
Nr. 27:	Neuzeitliche Wasser-, Boden- und Lufthygiene ..	10,80 DM
Nr. 28:	Lahmann: Untersuchungen über Luftverunreinigungen durch den Kraftverkehr	13,40 DM
Nr. 29:	Heller/Kettner: Forschungsarbeiten über Blei in der Luft und in Staubniederschlägen	11,60 DM

Nr. 30:	Meteorologie und Lufthygiene	19,80 DM
Nr. 31*:	Die Desinfektion von Trinkwasser	
Nr. 32:	Rattenbiologie und Rattenbekämpfung	29,40 DM
Nr. 33:	Beiträge aus dem Gebiet der Umwelthygiene ..	30,80 DM
Nr. 34:	Gewässer und Pestizide. 1. Fachgespräch	15,20 DM
Nr. 35:	Kettner: Geruchsbelästigende Stoffe	15,00 DM
Nr. 36:	Durchlässigkeit von Lockersedimenten – Methodik und Kritik	9,20 DM
Nr. 37:	Gewässer und Pflanzenschutzmittel. 2. Fachgespräch	27,40 DM
Nr. 38:	Umweltschutz und öffentlicher Gesundheitsdienst	34,60 DM
Nr. 39:	Schadstoff-Normierung der Außenluft in der Sowjetunion – MIK-Werte und Schutzzonen 1972 ..	4,60 DM
Nr. 40:	Hygienisch-toxikologische Bewertung von Trinkwasserinhaltsstoffen	21,50 DM
Nr. 41:	Lufthygiene 1974	26,00 DM
Nr. 42:	Immissionssituation durch den Kraftverkehr in der Bundesrepublik Deutschland	70,00 DM
Nr. 43*:	Schwimmbadhygiene (vgl. Nr. 58)	
Nr. 44:	Zur Diskussion über das Abwasserabgabengesetz	18,00 DM
Nr. 45:	Siedlungshygiene und Stadtplanung	31,00 DM
Nr. 46:	Gewässer und Pflanzenschutzmittel. 3. Fachgespräch	32,00 DM
Nr. 47:	Dulson: Organisch-chemische Fremdstoffe in atmosphärischer Luft	28,00 DM
Nr. 48:	Chemisch-ökologische Untersuchungen über die Eutrophierung Berliner Gewässer unter besonderer Berücksichtigung der Phosphate und Borate .. Mitglieder:	35,50 DM 17,75 DM
Nr. 49:	Lahmann/Prescher: Luftverunreinigungen in der Umgebung von Flughäfen .... Mitglieder:	33,50 DM 16,75 DM

Nr. 50:	Oetting: Hydrogeochemische Laboruntersuchungen an Bergmaterialien und einer Hochofenschlacke	43,20 DM
	Mitglieder:	21,60 DM
Nr. 51:	Gewässer und Pflanzenbehandlungsmittel IV 4. Fachgespräch	28,50 DM
	Mitglieder:	14,25 DM
Nr. 52:	Aktuelle Fragen der Umwelthygiene	65,00 DM
	Mitglieder:	32,50 DM
Nr. 53:	Luftqualität in Innenräumen	69,50 DM
Nr. 54:	Limnologische Beurteilungsgrundlagen der Wassergüte (Kolkwitz-Symposium)	12,50 DM
Nr. 55:	Atri: Schwermetalle und Wasserpflanzen	29,00 DM
Nr. 56:	Zellstoffabwasser und Umwelt	48,00 DM
Nr. 57:	Gewässerschutz – Abwassergrenzwerte, Bioteste, Maßnahmen	36,00 DM
Nr. 58:	Schwimmbadhygiene II	33,00 DM
Nr. 59:	Lufthygiene 1984	48,00 DM
Nr. 60:	Atri: Chlorierte Kohlenwasserstoffe in der Umwelt I	58,00 DM

Die genannten Veröffentlichungen können beim Gustav Fischer Verlag, Postfach 72 01 43, D-7000 Stuttgart 70, bestellt werden.

Mit * gekennzeichnete Nummern sind vergriffen, können jedoch als Fotokopien vom Verein für Wasser-, Boden und Lufthygiene E.V., Corrensplatz 1, D-1000 Berlin 33, geliefert werden.

Vereinsmitglieder können die Veröffentlichungen beim Verein zu Vorzugspreisen erwerben.

Der gemeinnützige Verein fördert insbesondere die wissenschaftlichen Arbeiten des Instituts für Wasser-, Boden- und Lufthygiene des Bundesgesundheitsamtes.

Wer an Informationen über den Verein für Wasser-, Boden- und Lufthygiene E.V. interessiert ist oder Mitglied dieses Vereins werden möchte, wende sich bitte an den Geschäftsführer, Herrn Dipl.-Ing. H. Schönberg, Telefon (0 30) 8 66 23 42 (Anschrift: Verein für Wasser-, Boden- und Lufthygiene E.V., Corrensplatz 1, D-1000 Berlin 33).

Gustav Fischer Information

Schoenen/Schöler
Trinkwasser und Werkstoffe
Praxisbeobachtungen und Untersuchungsverfahren
DM 98,–

Straškraba/Gnauck
Aquatische Ökosysteme
Modellierung und Simulation
DM 58,–

Meinck/Stooff/Kohlschütter
Industrie-Abwässer
DM 138,–

Uhlmann
Hydrobiologie
Ein Grundriß für Ingenieure und Naturwissenschaftler
DM 48,–

Barthelmes
**Hydrobiologische Grundlagen
der Binnenfischerei**
DM 39,–

Schwoerbel
**Methoden der Hydrobiologie –
Süßwasserbiologie**
DM 19,80 (UTB 979)

Ernst/Joosse-van Damme
Umweltbelastung durch Mineralstoffe
Biologische Effekte
DM 36,–

Kreeb
Ökologie und menschliche Umwelt
Geschichte – Bedeutung – Zukunftsaspekte
DM 19,80 (UTB 808)

Preisänderungen vorbehalten.
Ausführliches Informationsmaterial über weitere Publikationen aus
unserem Haus senden wir Ihnen auf Anforderung gern zu.

Gustav Fischer Verlag
Postfach 72 01 43 · D-7000 Stuttgart 70

575186